公共空间数字化设计

主 编　蒙良柱　刘　杰　何　祥

副主编　邱　锐　沈海涛　翁素馨
　　　　杨佳佳　黄晓明　郑义海

中国建材工业出版社
北　京

图书在版编目（CIP）数据

公共空间数字化设计/蒙良柱，刘杰，何祥主编
--北京：中国建材工业出版社，2024.12
ISBN 978-7-5160-3625-9

Ⅰ.①公…　Ⅱ.①蒙…　②刘…　③何…　Ⅲ.①公共建
筑—室内装饰设计　Ⅳ.①TU242

中国国家版本馆 CIP 数据核字（2023）第 003378 号

公共空间数字化设计

GONGGONG KONGJIAN SHUZIHUA SHEJI

主　编　蒙良柱　刘　杰　何　祥

副主编　邱　锐　沈海涛　翁素馨
　　　　杨佳佳　黄晓明　郑义海

出版发行：中国建材工业出版社

地　　址：北京市西城区白纸坊东街 2 号院 6 号楼
邮　　编：100054
经　　销：全国各地新华书店
印　　刷：北京雁林吉兆印刷有限公司
开　　本：787mm×1092mm　1/16
印　　张：11.25
字　　数：230 千字
版　　次：2024 年 12 月第 1 版
印　　次：2024 年 12 月第 1 次
定　　价：45.00 元

前 言 PREFACE

　　随着我国城市现代化建设的不断发展及乡村振兴战略的全面实施，传统设计行业也在向着数字化方向转变。公共空间往往被视为人们生活、工作和社交的重要场所。随着人口增长、资源压力和环境问题的日益凸显，传统的公共空间设计模式已经难以满足人民对高质量城市生活的迫切需求及建筑产业转型升级的发展要求。而数字化技术的快速发展为公共空间的创新设计提供了全新的可能性。

　　公共空间数字化设计是利用先进技术和数字化手段来规划、设计和管理城市公共空间，以实现更高效、更智能、更人性化的城市环境。随着信息技术的快速发展和城市化进程的加速，公共空间数字化设计成为解决城市发展面临的众多难题的重要途径之一。公共空间数字化设计借助物联网、人工智能、大数据分析等技术，可以实现公共空间的智能化和个性化。通过数字化平台和智能设备，城市管理者可以实时监测和调整公共空间的使用情况，优化公共资源的配置和规划。

　　鉴于此，本书以"公共空间数字化设计"为主题，首先从公共空间设计的概念、公共空间设计目的与意义、公共空间设计通则与规范、公共空间设计原则与要素、数字化时代公共空间设计价值等不同方面切入，探讨公共空间设计与数字化的基础知识；其次对公共空间设计的要素与数字赋能、公共空间景观设计与数字化表现进行分析；最后围绕公共空间创意设计与数字化展示、公共空间设计程序与数字化实践、公共空间设计实训与数字化延展进行研究。

　　本书充分体现了公共空间数字化设计的特点。在内容选取方面，编者综合了城市规划、设计、信息技术和数字化技术等多个领域的知识，旨在提供一个全面的视角来理解公共空间数字化设计，可以使读者了解到数字技术在城市规划和设计中的最新应用，以及数字化设计对公共空间的影响。

　　本书由南宁职业技术学院蒙良柱、广东茂名农林科技职业学院刘杰、南宁职业技术学院何祥主编，广东番禺职业技术学院邱锐、广东茂名幼儿师范专科学校沈海涛、广西农业职业技术大学郑义海、南宁职业技术学院翁素馨、杨佳佳、黄晓明担任副主编。

在编写本教材的过程中，编者得到了许多学者及企业家的帮助和指导，在此表示诚挚的谢意。由于编者水平有限，加之时间仓促，书中所涉及的内容难免有疏漏之处，希望各位读者多提宝贵意见，以便笔者进一步修改，使之更加完善。

编　者
2023 年 12 月

目 录 CONTENTS

【课前自测】

一、单选题

1. 公共空间设计中色彩的内容不包括(　　)。
A. 背景色　　　　　　B. 装修色　　　　　　C. 家具色　　　　　　D. 色彩表现

2. 公共空间设计的原则有(　　)。
A. 实用性原则　　　B. 空间组织原则　　　C. 高档化原则　　　D. 造型原则

3. 公共空间创意设计的原则不包括(　　)。
A. 系统性原则　　　　　　　　　　　B. 创新性原则
C. 生态性原则　　　　　　　　　　　D. 功能性原则

4. 公共空间景观具有(　　)属性。
A. 主题性　　　　　　B. 放射性　　　　　　C. 生态性　　　　　　D. 创新性

5. 塑料材料中合成树脂含量一般在(　　)。
A. 10%～100%　　B. 20%～100%　　C. 30%～100%　　D. 40%～100%

6. 公共空间创意设计数字化展示的方法不包括(　　)。
A. 投影技术　　　　　　　　　　　　B. 手绘图纸
C. 交互式装置　　　　　　　　　　　D. 数字墙面

7. 城市公共空间主要是针对空间的建筑构件，包括对顶面、墙面、地面以及对空间进行重新分隔与限定的实体和半实体界面的(　　)设计处理。
A. 结构设计　　　　　　　　　　　　B. 色彩设计
C. 材质设计　　　　　　　　　　　　D. 装修设计

8. 满足公共空间功能要求的具体方式直接体现了空间的(　　)。
A. 社会性　　　　　　B. 人文性　　　　　　C. 可达性　　　　　　D. 生态性

9. 娱乐类空间的总体布局和流线分布应围绕娱乐活动的(　　)展开。
A. 目的　　　　　　　B. 方式　　　　　　　C. 顺序　　　　　　　D. 人数

10. 楼梯类型不包括以下哪项(　　)。
A. 住宅共用楼梯
B. 幼儿园、小学校等楼梯
C. 电影院、剧场、体育馆、商场、医院、疗养院等楼梯
D. 木楼梯与砖楼梯

二、多选题

1. 公共空间设计目的包括（　　）。

A. 促进社交互动　　　　　　　　B. 促进身心健康

C. 增强安全性　　　　　　　　　D. 提供便利和可达性

2. 公共空间设计通则包括（　　）。

A. 室内净高　　　　　　　　　　B. 楼梯、台阶、坡道与栏杆

C. 电梯与自动扶梯　　　　　　　D. 楼地面、吊顶与门窗

3. 室内环境与人的心理与行为息息相关，主要包括（　　）。

A. 距离性　　　　B. 隐私性　　　　C. 安全感　　　　D. 领域性与空间性

4. 公共空间景观包括（　　）。

A. 硬性组成　　　B. 软性组成　　　C. 活态组成　　　D. 科学组成

5. 公共空间景观的格局包含（　　）。

A. 格网形景观格局　　　　　　　B. 放射形景观格局

C. 环形景观格局　　　　　　　　D. 不规则形景观格局

E. 复合形景观格局

6. 公共空间景观要素包含（　　）。

A. 人　　　　　　B. 建筑　　　　　C. 水体　　　　　D. 绿化

7. 公共空间设计的阶段包括（　　）。

A. 准备阶段　　　B. 初步阶段　　　C. 扩初阶段　　　D. 完善阶段

8. 公共空间设计中的数字化应用技术主要包括（　　）。

A. 模拟与可视化　　B. 社交媒体平台　　C. 互动与参与　　D. 数据驱动设计

9. 城市公共空间范围的具体分类包括（　　）。

A. 按使用时间分类　　　　　　　B. 按用地性质分类

C. 按功能类别分类　　　　　　　D. 按位置和地位分类

10. 公共空间设计的手绘方案草图特征主要包括（　　）。

A. 快速性特征　　B. 传真性特征　　C. 说明性特征　　D. 多样性特征

三、判断题

1. 公共空间设计色彩应有主调或基调，对于规模较大的建筑，冷暖、性格、气氛都不可以通过主调来体现。　　　　　　　　　　　　　　　　　　　　（　　）

2. 补色对比，就是色相环上呈90°的色彩的对比，这两种色为互补色，这样的色彩对比既互相对立，又彼此需要。　　　　　　　　　　　　　　　　　　（　　）

3. 照明和视觉设计在公共空间中扮演着重要角色，却与人体工程学的原则不相关。

（　　）

4. 建筑的安全疏散设施有疏散楼梯和楼梯间、疏散走道、安全出口、应急照明和疏散指示标志、应急广播及辅助救生设施等，对高层建筑，不需要设置避难层和直升飞机停机坪等。   （ ）

5. 硬性组成构建是指公共空间中能被人们直观感知到的景观形象的物质实体，它属于公共空间的表层结构。   （ ）

6. 公共空间的景观属性包含物质属性和社会属性。   （ ）

7. 休憩设施指环境中具有休憩功能的户外家具或建筑性质的设施物，包括坐具、桌椅、亭、廊。   （ ）

8. 建筑的室内环境是设计的重要组成部分，室外环境则是建筑设计的重要组成部分。   （ ）

9. 现代办公空间是集整体功能性于一体并传递一种生活体验，让使用者在每天忙碌的现实世界中体会到由建筑环境带来的悠闲心境的场所。   （ ）

10. 数字化公共艺术空间由其所在的具体位置而决定其整体设计规划，既要与周边的环境相适应，也要与所在地、具体位置的气候、风土、人文风俗相适应。   （ ）

【引导案例与案例思考】

一、引导案例 1：晋城国晋大厦可持续办公空间方案设计

目前，中国的城市化进程已进入新的阶段，大规模的新城建设已不是主流，中小规模的新建和改造的开发项目逐渐增多。小规模的开发不容易形成自成一体的城市空间体系，也不适合以自我为中心而不顾周边既有城市环境的情况。"项目设计更加注重与既有城市空间的协调发展，并且需要更加精致化、人性化、高效化和可持续化。在这样的背景下，开发商在其项目建设方式和设计策略上都需要提出新的方案。"① 下面以山西晋城国晋大厦办公楼为例，重点探讨在中小规模建设项目中如何尊重现有城市环境，同时打造个性化空间，并实现可持续发展的设计策略。

（一）项目的背景分析

中小规模建设项目位于山西省晋城市经济技术开发区主区内，其南侧和东南侧为一片住宅区；北侧、西侧、西南侧均为大量的工业厂房。总用地面积 8482m²，地上可建面积 3775m²，地下可建面积 5161m²。根据《晋城市经济技术开发区（一区四园-金匠工业园区）总体规划（2018—2035）》，此区域在未来至少 15 年之内将保持现有的产业格局不变。因此，既要考虑近 15 年较为稳定的周边城市环境，又要考虑项目能适应 15 年后的城市环境。

根据规划要求和业主需求，本项目需建设 21000m² 的办公空间、3000m² 的会展空间、4000m² 的商业空间及 2000m² 的辅助功能空间，地上总建筑面积 40000m²。另有 15000m² 的地下车库和机房。

（二）提升城市区域环境

用地周边的厂房建筑群高度较低，且与本项目隔着城市道路。项目用地紧邻的大片住宅建筑则形态各异且风格多样。有高 100m 左右的高层住宅，也有高 20～40m 的中高层住宅，以及一些多层和低层建筑。这些住宅建筑的线条丰富，拥有小尺度的建筑细节，且大部分为浅灰或暖灰色调。总的来说，周边状况具有一定的秩序但略显杂乱。项目设计目标是使新建筑能够较好地融入现有环境，并能够起到整合统领的作用，同时拥有自身的特色。

---

① 李范鹤．山西晋城国晋大厦可持续办公空间方案设计［J］．上海建设科技，2023（1）：33．

1. 建筑体量

几种体量的设计方案对比。①标准层面积 3000m²，是较为经济的标准层，但是形象不佳，自然采光与通风条件较差。②常见的单塔方案，标准层面积 1300m²，形象及采光通风均有所改善，但处于一群高层住宅建筑当中，体量过于简单，显得有些突兀。③在基础上，对体量进一步分割和优化，使建筑体量看起来是高低不同的四栋建筑的组合，而不是一栋塔楼。因此，这样的做法有以下特点。

（1）获得更多的采光和通风面，提升建筑的内部环境。

（2）相对于简单的单塔体量，组合型体量在建筑尺度上与周边的环境更加和谐友好。

（3）这样的体量组合提供了更多的使用可能性。

2. 立面与材料

建筑的立面形式取决于所处环境的格调、建筑功能需求以及资金投入程度。建筑所处的环境周边多为高层和多层的住宅区，立面线条较琐碎，其中对本项目影响较大的东侧高层住宅外墙呈浅米黄色。因此本设计结合周边的环境状况及业主的资金投入，外墙选用暖白色干挂石材幕墙。由于建筑本身体量变化丰富，所以立面设计尽量简洁，避免不必要的装饰性元素。建筑的开窗方式采用规则的方格窗形式，建筑之间用玻璃幕墙连接。

（三）打造多类型、人性化、高品质的内部环境

随着人们生活水平的提高和生活方式的不断改变，空间需求越来越人性化、个性化，空间形式越来越多样。移动互联网时代的公共空间，更注重环境品质、体验感以及空间的可变性。据研究，这样的办公环境能够有效缓解人们的工作压力，并提高工作效率。

第一，绿色空间系统。建筑被分成了四个体量，在各个建筑体量之间的"夹缝"中融入"绿色空间系统"。这些空间设置灵活，变化丰富，布置休息、洽谈、会议、展览、商业等各类功能，提高项目活力，改善办公环境。除此之外，在每个建筑体量的屋顶均设有屋顶花园，提升城市环境品质，也提升建筑屋顶的保温隔热效率。

第二，垂直交通解决方案。本案建筑的体量虽然分成四个部分，各自有独立的垂直电梯，但是货梯和消防疏散楼梯是公用的。这样的方式既保证了每个体量相对的使用独立性，又避免了因为独立使用而增加消防电梯和疏散楼梯的数量。

第三，"超级大厅"的空间标志性。大厅是办公建筑中最能展示自身形象和品位的部分之一。在本建筑中将 25m×25m 的五层高的立方体大厅插入整体建筑的中心位置。这个大厅与"绿色空间系统"合而为一，从而形成了最高处为八层的极具视觉冲击力的"超级大厅"空间。"超级大厅"将建筑中的各个公共空间联系在一起，形成更为丰富多变的、连续的内部公共空间序列。大厅的底部二层是商业空间，在中部四层设有多功能空中大厅，此空间有四层高，空间充满仪式感，可以承担报告厅、发布会、音乐会、婚

宴等功能。

大厅的上下各层灵活设置连廊和平台，并通过自动扶梯和楼梯进行连接，既是底部商业功能的向上延伸，又是上部办公空间的向下伸展。

在大厅的最顶部设置可开启的玻璃顶棚，利用空气的作用增强大厅内部空气流通，改善内部环境质量，同时降低能源消耗。

第四，商业空间。本项目用地东侧为在建的住宅区，其底层将成为一条商业街。本方案将这条商业街的动线从东北方位引入建筑大厅内，并穿过整个建筑底层，连接用地的西南部分。在西南侧建筑底层，利用地形坡度营造一个错落的阶梯状地面平台，在其上设置零售商业店铺，并使街道从其间穿过。这样，整个底层商业将成为城市步行道路的一部分，城市空间将被布局灵活、形式多样并具有丰富体验感的商业内街所激活。

（四）使用方式的可持续发展

现代科技的迅猛发展带来了生活的剧烈变化，而且这种变化的周期变得越来越短。这样的节奏使人们的生活环境也跟着产生相应的变化，需要在设计中充分考虑未来可能发生的建筑环境需求的变化。因此，在本案的设计中，从平面空间和整体布局两个方面提出了使用方式的可持续策略，以应对未来的发展。

第一，平面可持续性。本案建筑共有四个体量，其中三个为高层，一个为多层。由于三个高层体量共用了疏散楼梯和消防电梯，所以留出的主要使用空间足够宽敞完整。这样的空间可以适应今后多种功能设置的需求。高层的主要空间作为办公功能时，既可以作为大空间办公使用，又可以分割成小空间办公室。三个塔楼之间用连廊相连，使得三个部分既有连接又可独立，同一层平面既可以供一个业主使用，又可以分给2~3个业主分别独立使用。

第二，总体可持续性。在常见的单塔方案中，业态的形式和布局的改变，都会在同一栋塔楼中发生，改造过程将会大范围影响使用，也会带来大范围繁杂的设备改造。本方案采用的多塔形式中，无论业态的形式和规模如何变化，均能保持很好的便利性和使用独立性，并可以将改造成本降到最低。

该项目是中等城市中的一座普通办公建筑，每一个建筑所处的环境、功能需求和建设条件都有所不同。在诸多因素制约下，每一栋建筑必定是独一无二的。本方案尝试从所处城市环境和时代背景出发，结合建筑功能需求进行充分的分析和研究，从而量身定制一座适合业主需求的办公建筑。这座建筑能够很好地融入周边城市环境，并对环境品质有一个提升；标志性的建筑空间和多样化的使用功能能够激活区域城市生活；在今后的使用中，要能够更自如地适应未来的发展变化。

二、引导案例2：甜酸苦辣——羌族餐饮空间设计方案设计

主题特色餐饮空间以其丰富的人文文化内涵与极具感染力的建筑装饰风格受到市场的大力追捧。本方案以羌族文化作为主题，让其保留自己独特的民族传统、生活特色。

中国悠久的历史与羌族相对闭塞的生活环境，使羌族的文化中保留了淳朴厚重的遗风。这类装修可以引起现代人对过去的怀念心情。结合羌族著名建筑——碉楼的特色，空间中的主体装饰物有羌族的特色刺绣服装、手工饰品和羌族图腾等，民族气息处处流露。

（一）设计流线的分析

在空间上，巧妙地把"酸甜苦辣"四个餐饮空间沿着"羌"字图腾展开，组团式地以"酸甜苦辣"为主题设计大小包间。加以羌族特有的民族色彩和以"酸甜苦辣"代表颜色作为配置色彩，而增添羌族文化氛围。餐桌椅的摆放格局也是依据顾客的就餐习惯，就餐心理合理摆放，方便顾客的点餐、进出，以及服务员的报餐、上餐等活动，同时兼顾舒适和美观。

（二）区域设计的说明

1. 大堂服务区

"前台背景运用了大面积文化石石材，这种材质淳朴，给客人带来宾至如归的亲和力，柜台的大花白大理石天然的起伏质感彰显了一种追求品位的低调奢华，柜台左右以落地灯照明烘托气氛，整个前台的设计在色彩上让空间显得简约、清晰、精致、富有张力，同时又突出民族主题。"①

2. 散厅用餐区

以"羌"字图腾分割成不规则的空间组合，饰有不规则几何图形的天花板与简约自然的内墙和手工羌族挂画装饰材料协调搭配，体现了民族主题的特点。大地色系的仿古纹理地砖与同色系木纹的天花板呼应。散落在客厅的桌椅参照人体工程学的规格调整摆放，加上灯光照明，整个客厅设计以暖色调打造，营造、温馨、柔和的气氛。

3. 包间区

包间区以"甜酸苦辣"这四个主题包间构成，将羌文化的挂饰、木雕、刺绣等民间工艺品加以应用，并适当以甜、酸、苦、辣的"红""蓝""灰""绿"代表色彩加以结合配置，配合主题而又不过于民族化。"甜"——以羌族的刺绣为点，配以其"甜"的红色、欢快特点，按"羌"字图腾相切而成的不规则房间，运用屏风和柜子巧妙地把包间的主餐功能和聊天功能区分，相互串联而增加空间的趣味性。"酸"——以羌族的服饰为点，配以其"酸"的俏皮、活泼的蓝色来设计；本包间用大面积落地窗的设计，引入大量阳光，使空间不仅具有通透感，又彰显了大气。人们在享受美食的同时，又能观赏窗外的美景，得到双重享受。"苦""辣"——以羌族的民间手工艺品作为配饰和苦辣的代表色彩灰绿色相结合，组成一个可分可合的鸳鸯包间，为了便于操作，采用可推拉的屏风作隔断，增加空间的使用性。在方方正正的包间用手工制作的、不同宽度的长条交错延伸至圆形博古架，使整个空间融为一体。

---

① 张秋燕．甜酸苦辣——羌族餐饮空间设计方案设计［J］．度假旅游，2019（1）：203.

4. 休闲区

休闲区是一个半开放性的小型休闲空间，整面落地屏风与大门玄关处相配合，屏风露出的空隙在玄关处透露些丝丝暖色调的浪漫灯光，加上造型独特的风轮式的吊灯配上休闲风格的家具使整个空间形成软硬对比。特色的花格窗让客人在享受风味美食的时候充分感受到轻松的氛围，让一身的疲劳消失于无形。

5. 卫生间区

羌人在古时就把贝壳、彩石制作成装饰品穿戴。所以本方案的男女洗手间设计便采纳、借鉴这一传统。整个空间在设计上基本不加以过多的装饰，仅在原水泥结构的基础上进行简单的处理，让原始墙面机理感与彩石贝壳相呼应，同时满足功能的需求。洗手台彩石的光滑和水泥墙面的粗糙形成了视觉对比。用几幅挂画来装点空间添加空间的灵性，使时尚得以完美体现。

三、引导案例3：陈炉古镇曼悦曼雅精品酒店方案设计

（一）陈炉古镇曼悦曼雅精品酒店的定位分析

1. 陈炉古镇总体定位

陈炉古镇项目总体定位主要包括：第一，对陈炉窑址、耀瓷烧造技艺、古镇民居建筑和古镇民俗进行有效保护，使其能够原汁原味地保存下来，以原生态的形式展现在人们面前；第二，以陶瓷文化为核心，深入挖掘梳理陶瓷工艺、陶瓷美术，同时整合紫砂、奇石文化，保护和利用民居建筑、民风民俗等特色文化，形成独有的文化旅游资源；第三，充分利用现代科技，用"智慧城市"的建设理念建设智慧陈炉，将科技与文化、科技与旅游、科技与文物保护、科技与建筑深入融合；第四，通过整合梳理展示给游客的不是简单的陈炉，是一个可追寻历史、有民俗风貌、有文化内涵、有自然特色，可娱乐、可休闲、可进行文化体验的多元陈炉；第五，利用当地资源和特点打造陈炉特色产业链，利用酒店、民宿、农家乐、配套商业服务、自驾游宿营地、演出等旅游配套形成旅游服务产业链，最终实现国际陈炉、文化陈炉、智慧陈炉、生态陈炉、休闲陈炉，营造"国际耀瓷艺术休闲度假古镇"。

国际耀瓷艺术休闲度假古镇的定义。首先，明确了陈炉的发展是以耀瓷产业为依托，是有持续生命力的，而不是单纯地发展观光旅游；其次，陈炉古镇的发展定位不仅仅是面对国内游客，而是要打开国际市场，将陈炉陶瓷文化艺术传播到世界各地；最后，"多元"陈炉为国内外客人提供的是值得驻足停留、放松身心的休闲度假之地。

陈炉古镇发展总体目标是建成具备现代化旅游服务功能，特色鲜明、设施配套、结构合理、环境优化的古镇型生态养生观光旅游区，从而使规划地成为融合观光、文化与休闲度假养生于一体的、具有我国西部区域社会经济发达水准的生态文化旅游强镇，并建设成为我国古镇传统产业升级创意新典范、生态观光娱乐新坐标、休闲度假养生新天地。此外，展示古镇产业创意旅游新典范，成为生态观光娱乐新坐标，建设休闲度假养

生新天地等也被纳入陈炉古镇的发展目标。

陈炉镇域旅游发展划分三个区，即东北部生态农业观光区、古镇核心景区、西南部陶瓷文化展示区。这种规划以技术和经济作为旅游产业的支撑，结合当地瓷文化打造富有属地特色的旅游文化，并强调忠实保护"原生态"，即"本源文化"，同时依托技术形式与经济形式的利用、发展来保护"本源文化"。

曼悦曼雅精品酒店选址位于陈炉古镇核心景区，设计应遵循古镇保护与发展的定位，并且在服务于古镇生态养生观光旅游区建设的前提下展开设计，同时合理利用生态农业观光区和陶瓷文化展示区的资源和优势，形成有效互动。首先，通过陈列、展示、交流等措施对古镇历史资源进行有效发掘与保护；其次，将古镇独特瓷文化融于酒店的建筑布局、细节展示、环境设计以及服务功能延伸等方面，形成发展与利用的双赢；最后，借陈炉旅游服务产业链的有力支撑，吸引国内外客源，推广与拓展曼悦曼雅品牌。

2. 酒店目标客群分析

（1）古镇旅游目标客群

游客是否在某目的地进行古镇观光、休闲或度假的影响因素有：是否拥有私家车、收入水平、受教育程度的高低、居住位置。古镇旅游的需求者大多是 30～60 岁年龄段的人群，他们访问古镇的动机主要是去了解当地的特色、参加特别的活动，并希望与家人一同前往。与参加特别活动的宾客相比，大多数访问古镇的游客，更在意古镇的整体环境；居住地到旅游目的地的路途越遥远其需求量越少。陈炉位于西安、延安之间，其旅游地形象和产品设计通过休闲游憩、养生度假体现，从而吸引游客，以民俗文化探寻、陶瓷文化体验彰显个性。根据不同的消费习惯和社会经济形态特征，陈炉古镇的游客主体细分为艺术工作者及相关人群、旅游观光度假人群、商务及会议旅游群体。

（2）酒店目标客群

曼悦曼雅精品酒店品牌目标客群定位是中高端人群。根据陈炉古镇的独特地域文化以及陈炉曼悦曼雅精品酒店发展规划，前期重点发展的主要目标人群是艺术工作者及相关人群。主要包含：艺术家、文化工作者；有艺术、修养、人文情怀的人群；休闲度假和健康养生的人群，最终实现面向国内外中高端人群的市场拓展。

第一类艺术家、文化工作者人群分析。目前陈炉的国际游客以北美、欧洲人群及陶瓷爱好者为主；专项游客主要包括文化艺术教育、创意产业等方面的游客。以曼悦曼雅精品酒店为桥梁，可尝试通过多种途径增强游客与古镇的交流互动：通过与国内外知名艺术高校及艺术家合作，吸引设计、艺术等专业的师生或从业者前来创作、教学、交流。

第二类有艺术修养、人文情怀的人群分析。陈炉独特的文化景观资源，是摄影家、画家极好的表现素材，以创意园区为基地，进行艺术实践，形成美术摄影及影视创作及外景拍摄基地，吸引美术摄影及影视创作人员；通过举行摄影绘画比赛，借助广播媒体对外宣传报道，以及举办一些极具影响力的大型活动来扩大影响力，提升品牌价值。

第三类休闲度假和健康养生的人群分析。古镇田园牧歌般的民居、古老的陶艺、独特的民俗具有较高观赏价值，可吸引休闲度假和健康养生的人群前来观光、休闲。

3. 酒店定位设计要求

作为曼悦曼雅精品酒店品牌在陈炉古镇的拟建项目，设计方案应依托陈炉古镇的发展机遇，以及陶瓷文化的定位主题。酒店定位服务于中高端人群，可进行中高端会议、展览、接待。酒店定位设计要求主要包含以下几方面。

（1）整体规划。强调围合感及区域中心感，注重观察视线，要求地形与环境和谐共生，可采用传统连廊使位于林中的建筑连接，随地形设计成高低错落、生动有趣的建筑形式。

（2）建筑外观。吸收当地民居的精粹，结合现代风格；外墙颜色结合陈炉陶瓷古镇风格，融入周围环境中，使用当地传统建筑材料，做出精致感。

（3）建筑布局。针对地形特点，建筑布局模式需要考虑人的视线（保证每个客房面河观景，彼此不干扰）作竖向设计；横向布局学习村落做法，尊重等高线的位置，尽量少地改变原始生态环境，做到建筑融于地形地貌的整体环境中。

（4）装修风格。利用当地材料，通过优秀的设计、精致的做工，打造豪华、舒适的客房，颜色搭配讲求传统、恒久，并融入现代元素。

（5）园林。选择当地树木、灌木、花草等，进行特色景观设计，并注意选择不同季节的花颜色、树叶颜色，令酒店在各季呈现出不同的色彩及画面感；人造景观设计可以适当采用水景；硬装铺地尽量选用当地特色的瓷片铺地，突出地方特色，但要有精致感。

曼悦曼雅精品酒店的设计定位可归纳为：顺应地形设计、重视景观视线；采用传统材料、现代设计；注重瓷片艺术、品质环境。

（二）陈炉古镇曼悦曼雅精品酒店的基地特征分析

曼悦曼雅精品酒店经与铜川市政府、印台区管委会等相关主管部门协商，并根据陈炉古镇文化旅游发展规划，最终通过多项合一审批确定酒店选址。具体建设地点位于永兴村一处台地的制高点，北邻山谷、远眺北堡而纵览陈炉全景，拥有绝佳的视觉角度，且酒店用地位置相对独立，具有较好的私密性。选址西侧、南侧现状为农田，东侧不远为上街商业街，西南、东南为永兴村社区。

（三）陈炉古镇曼悦曼雅精品酒店方案设计实践

曼悦曼雅精品酒店所在的陈炉古镇有着与众不同的地域特色，作为古镇旅游开发建设配套服务的精品酒店，建筑一方面要体现陈炉陶瓷文化的本地属性，另一方面也要体现酒店品牌的独特气质，并将两者与自然、与环境有机融合，共同打造开放、自由、个性的生态式耀瓷创艺精品酒店。

1. 酒店方案设计的构思分析

曼悦曼雅精品酒店品牌理念精髓之一是弘扬建筑文化，因此，将陶瓷作为酒店的主题既符品牌发展需求，也体现了陈炉作为"千年陶瓷古镇"的独特属性。

（1）空间构成。酒店庭院空间根据南北高差较大的场地特点，借鉴当地传统民居台地处理方式，形成错落变化的空间景观。

方案一：将大堂公共区、客房区、后勤办公区集中设置，形成单栋建筑。优点是占地小、功能联系紧密。缺点是建筑形式单一、流线单一、各功能分区之间会形成干扰。

方案二：将大堂公共区、客房区、后勤办公区分散设置，利用连廊连接。优点是各功能区之间相对独立，干扰较小。缺点是占地较大，流线较复杂。

方案三：将大堂公共区、客房区、后勤办公区围合设置，形成多个院落。优点是空间多变、富有趣味。缺点是占地过大，对场地要求较高。

陈炉独特的地形地貌是曼悦曼雅精品酒店空间设计的一大优势，可采用"主动"顺应的空间处理手法，借酒店用地周边的丘陵与台地，结合酒店内部空间处理，形成丰富的空间体验。专家组将三种空间布局方案比较后，认为方案二更适于陈炉的地形特色，大堂与客房以及后勤各部分单独设置，形成开放的空间构成，同时借场地高差将处于不同台地的建筑本身与周边丘陵环境有机融合。

（2）平面形式。客房的平面布置可采用内走道双面布房，也可采用外廊单面布房，在同等客房数量的条件下，走道双面布房的交通面积小，但有一半客房观景效果不佳；外廊单面布房的交通面积增加，但能够保证每间客房都获得良好的景观视野。精品酒店客房平面布局相对于传统星级酒店有更高的舒适性以及景观要求。因此，主要采用外廊单面布房，局部套房设计成单廊围合式，形成相对独立的小型庭院，提升入住品质。

陈炉曼悦曼雅精品酒店作为古镇未来标志性建筑之一，其形态不能过于抽象、夸张。因此，从古镇传统历史文化中提取"具象"建筑元素才是设计的重点。此外，陈炉的"罐罐垒墙""院落相叠""瓷片铺地"等传统处理手法极具特色，合理运用之后可作为酒店独特"在地性"的直接体现。陈炉曼悦曼雅精品酒店环境设计有良好的外在条件可以加以利用，层层叠加蜿蜒的台地本身就有一种极具气势的景观效果。因此，酒店的环境设计以"借"为主，以"造"为辅，即在地势环境背景下，利用庭院花园、屋顶露台等空间节点，起到画龙点睛的作用。

2. 酒店方案设计的总平面布局

曼悦曼雅精品酒店主要功能构成为大堂区、客房区、办公区三大部分，总平面布局应充分体现地域特色。首先，布局要与当地地形、环境相融合；建设用地高差较大，整体布局应充分考虑并合理利用陈炉山地丘陵的地形特色，避免大量开挖、浪费土方；其次，整体布局应能体现景观优势；再次，建设用地位于陈炉古镇地势相对较高处，拥有独特全方位景观视野，同时酒店的选址优势也构成自身的特色景观效果，应全面考虑并充分利用其景观优势;最后,总平面布局应便捷合理,体现功能优势。三大功能区根据服务特点灵活设置、分区而建、方便联系,营造私密而又充满趣味的酒店环境。酒店内部道路设计应灵活便捷,应采用人行台阶与车行坡道相结合的方式,道路铺装应利用当地材料,反映陈炉瓷镇的特色。

(1)功能布局。精品酒店功能布局主要有集中式、分散式两种。集中式布局分为水平集中式、竖向集中式,适用于建设用地面积有限且地形稍显复杂的山坡、台地。各功能区之间既相对独立、互不干扰,又能通过水平交通紧密联系,方便服务与管理。分散式布局适用于较大的建设场地,各功能区完全独立,并且更加强调建筑布局与周围环境的融合。

陈炉镇现有房屋大都依地势错落建造,且由于地质情况较差,建筑高度受到较大限制。酒店建设用地范围为不规则形,整体南高北低,东高西低,南北高差最大达30m,基地内每层台地东西方向长度超过100m,南北向进深20~25m;基地东、西两侧均为现状农田。酒店用地最北端为沟壑,仅在南端有一条村级车行道路,因此酒店主要出入口考虑设在场地南端。综合考虑建设基地内的场地现状,以及陈炉镇建筑的地域特色,酒店总平面布局采用水平集中式,即办公、大堂、客房三大功能区设置相对集中、水平联系;建筑单体采用平行等高线布置,同时对建设用地内的地形扰动最小。

第一,酒店的办公区。办公区是酒店公共活动区与客房区联系的纽带,一方面,酒店工作人员要保障其他功能区的工作正常有序开展,并对各个功能区的突发事件做出快速反应,因此办公区的设置应与大堂及客房方便联系;另一方面,办公区作为酒店内部活动区域,出于管理与安全考虑,其设置应相对独立;场地南高北低,东高西低,若将办公区设置在场地东南角,虽靠近镇中心区,方便后勤补给,但会对其他区构成视线干扰。综合考虑,应将办公区布置在场地西南角地势较低处,位置相对独立、隐蔽,又方便与大堂、客房联系。

第二,酒店的大堂区。由于酒店主要出入口位置确定在场地南侧,酒店不同功能区的工作流线各有特点。一方面,大堂要承担到店、离店客人的接待、登记等手续办理,既是客人到达后的第一印象空间,也是客人离开酒店返程的出发点,因此需要邻近酒店场地出入口;另一方面,大多数酒店大堂、餐饮、会议等公共活动区相对集中设置,这些活动设施不仅为酒店内部客人提供服务,也可接待酒店以外的客人。因此,大堂区设置邻近场地出入口,方便酒店内外两类不同客人的需求,并且避免对酒店客房区形成干扰。此外,建设用地东侧为陈炉古镇中心区,上街商贸街、定期市集等区域均在酒店用地东侧,东侧为主要客流方向,大堂区位置应考虑在建设用地东南角。

第三,酒店的客房区。一方面,客房区需要与外界道路保持距离,既可减少噪声干扰,又能有效保障客房区的私密性;另一方面,精品酒店对客房视野有较高的景观要求。因此,考虑设置在场地适宜建设区域的北端,与大堂区采用退台式布局,可获得独特而绝佳的景观视野,无论客人选择哪间客房,均可将陈炉风貌尽收眼底。精品酒店客房区套房与标准房型宜分区设置，不同房型集中设置的酒店客房可竖向按层分区，也可以水平分区，根据场地特点以及曼悦曼雅品牌定位，套房与标准客房采用水平分区。根据地形分析，建筑宜采用平行等高线布置，因此客房区平面形式可考虑"一"字形。标准客房布置在东侧，所有房间均能获得最佳景观视野；套房区布置在西侧，自成一区，中间设小型庭院，营造更加安静、舒适、优美的小环境；套房区与标准客房区之间可考虑设门禁系统，方便管理与出入。

根据以上设计分析，大堂区宜布置在建设用地东南侧，邻近公共道路以及古镇中心区；客房区宜布置在建设用地北侧，以获得最佳景观视野；办公区宜布置在建设用地西南侧，减少对其他区域的干扰。不同功能区之间依地形特征分组布置。

（2）交通设计。酒店内部的交通方式分为步行、车行两种。旅游度假区精品酒店更加注重庭院景观环境的营造，客人在庭院步行游览的过程中放松身心，获得更高品质的旅行体验，因此步行道路的设计极为重要。占地面积较大的精品酒店步行路线较长，可适当配置速度较慢、节能型的接泊车作为客人在酒店内部的出行选择。车行道要满足办公后勤区的货物运输需求，也要保障消防车通行要求。因酒店占地面积不大，且各功能区位置相对集中，交通设计可采用人车分流方式，进入酒店人员以步行交通为主，设置车行道路以满足货物及消防需求。

第一，步行道路。由于场地三层退台的特殊地形，步行道路设置的一种方式是利用水平连廊将大堂、客房、办公区域联系，以保障酒店功能流线的顺畅；另一种方式是适当设置台阶、踏步，结合酒店环境，顺应地形，增加客人在酒店内部通行时的趣味性；为满足酒店这一公共建筑的无障碍使用要求，同时也保障了精品酒店舒适的品质。酒店大堂内部的电梯均可下行至与客房一层同标高处，通过水平连廊底部的通道到达客房区。

第二，车行道路。为减小场地高差带来的不利因素，酒店车行道路均沿场地边缘设置，以降低车行道路的坡度；东、西两条车行道行至下层平台，可在端部设置回车场。综合考虑场地条件，设东、西两条车行道路，其中西侧车行道路由后勤专用出入口进入，主要满足办公及后勤区的使用需求；东侧车行道路靠近大堂出入口，并可向东行至停车场。

第三，停车场。酒店停车场应满足来往客人的停车需求，也应满足酒店内部工作人员通勤、采购、业务等停车需求。停车位的数量应综合考虑，停车场的位置宜靠近服务对象活动区域，可分散布置。

酒店建设场地为多层台地，集中设置停车场难以实现，因此考虑分散设置。根据总平面功能分区，办公区南侧可设后勤专用停车场，布置停车位10个；大堂东侧可设固定停车场，布置停车位20个；客房区北侧平台可设临时停车场，布置结合树阵的停车位5个。固定停车场结合临时停车场，总计35个车位，基本满足精品酒店每房间不低于0.3个车位的指标。所有停车场均结合绿化布置，既满足酒店季节性停车需求，也丰富了酒店庭院空间的环境效果。

3. 酒店方案设计的内部空间

酒店的内部功能组成应该在符合精品酒店服务要求的基础上体现独特"在地性"，为保护、传承陈炉陶瓷文化提供专属交流场所和空间。如在大堂增设地域文化展示区，餐饮增设供应当地特色美食的风味餐厅，休闲活动增设图书室、陶艺体验、户外徒步等。

（1）公共活动空间。根据场地建设条件，以及酒店的建设规模，公共活动空间采用竖向集中式设置，即大堂、大堂吧、餐厅等公共活动设施均集中设置在一栋建筑的不同楼层，通过楼梯、电梯竖向联系。这样设置的优点：首先是导向性明确，无论住店客人或者其他来访者、消费者均可便捷到达；其次，公共活动区集中设置可将外来客人对客房区的干扰降至最低，保障客房区的安静与私密性，有利于营造更加舒适的休息空间；最后，公共活动区集中设置便于管理，对于酒店经营而言可有效节约人力、物力。

大堂入口是迎接客人的第一视觉要点，设计合理且有特色的酒店入口能够直接传达一种亲切的信号，应当通过统一的导视符号传递品牌信息，通过绿化、小品、灯光等环境设计营造属地感，共同传递品牌气质。酒店入口雨篷、台阶、无障碍设计等细节设计更应该体现人性化。因此，酒店大堂入口雨篷以简洁造型为主，两侧景观以水景、小品以及绿化为主。景观水池周边设置木质座椅供客人休息，既能美化入口环境，也为酒店整体营造一种富有生机的环境氛围。绿化以适宜陈炉地区土质的灌木及小乔木为主。小品设置精选陶瓷艺术品，体现陈炉艺术特色，同时突出酒店打造的文化主题。酒店出入口强调景观效果，采用绿化、水景、园艺小品等体现环境品质，并在景观形式上注重与古镇特色的融合。

第一，大堂设计。酒店大堂不仅是住店或者离店这两种需求，还承担了酒店与客人之间，客人与他人之间的交流与沟通，因此空间尺度应该适宜，通过提炼的设计元素反映地域文化。大堂根据曼悦曼雅品牌定位以及功能需求应设置前台、大堂吧、休息区、售卖区、商务间以及电梯厅。

酒店前台功能需求是接待客人、费用结算和礼宾服务等，应该设置在客人视觉范围内，同时可能承担安保和值班台的作用，视野范围相对开阔；前台尺度适宜，更易营造亲切、宜人的"家"的氛围；前台附近根据功能需求设置办公室及小件寄存室、商务间。大堂根据酒店主题定位设置地域和建筑文化展览空间，利用酒店公共空间营造私人藏馆氛围。比如休息区与开放式展示相结合；售卖区同样采用与开放式展示相结合的方式，以展现陈炉特色艺术品为主，兼顾销售；在核心公共空间设置放映区，为未来多种文创活动提供便利。

大堂吧主要为酒店客人提供休息、会客、交流空间，其环境营造以及家具布置应以舒适为主，且间距适宜；大堂吧以室内布置为主，结合部分室外休息座椅，满足客人不同季节的需要；室内外之间采用大面积玻璃窗分隔，一方面可以将室外景色"借"入室内,另一方面可以形成室内外空间的交流、互动;大堂吧采用两层通高设计,既提升整个大堂区的空间品质,也将大堂吧的亲切活力融入二层空间;大堂吧西侧墙面可设置高度至顶的"默片墙",循环播放与陈炉历史、文化以及风土人情相关的视频,也可作为陶瓷艺术集会、交流的使用设施;大堂吧东侧,即操作台后的墙体可整体作为陈炉特色主题相关的展示墙,如悬挂当地艺术家画作等,共同展现陈炉独特的地域文化。

第二,餐厅设计。餐饮区设计根据建筑布局特点分设中餐厅、西餐厅。中餐厅人流量相对大于西餐厅,因此中餐厅考虑设在公共活动区一层西侧,靠近后勤出入口以及办公区。中餐厅主要提供陕西特色风味美食,为满足不同地区客人用餐习惯,餐厅同时设置小包间,更符合中国人团圆、和睦的传统习俗。西餐厅宜设置在公共活动区二层,可考虑设在中餐厅正上方。西餐厅采用开放式操作台,分室内以及室外就餐区两部分,室内就餐区以 4 人方桌为主,结合布置少量 2 人桌以及 6 人桌,室外以小圆桌为主,满足不同客人的用餐需求。餐厅临街一侧可设置落地玻璃窗,将室外绿地景观及小品引入室内,餐厅结合室内装饰布置代表陈炉特色的陶瓷艺术品,同时餐厅可考虑面向社区开放,成为酒店与该地区的有机互动空间。

(2)客房空间。酒店客房内部的第一要求应该是舒适的、如家般温暖的。为满足酒店"轻奢"的定位,客房空间高度以及面宽、进深都应根据家具布置适当调整。客房内部设计应当与酒店整体风格统一,同时具有地域特点。根据酒店用地的地形特点,客房内部应兼顾观景的需求,有效利用室外的景观效果。客房内部的卫浴区功能完整,与睡眠区隔而不断,既有效联系又互不干扰,套房根据酒店定位设置观景露台。客房走廊设计延续大堂风格,与客房空间呼应,增加变化性。酒店客房区共设标准客房 60 间,豪华套间 10 间,行政套房 6 间。根据功能布局分析,客房区可分东、西两部分,西区为套房区,东区为标准客房区。

第一,标准间设计。由于建设用地的台地地形限制,标准间可采用封闭单外廊设计,这样既保证了走廊的采光、通风,所有客房也可获得最佳景观视野。标准间一层东北角设一出入口,通向北侧观景平台,一层南侧走廊两端各设一个出入口,联系客房区与庭院空间。按照疏散要求,走廊两端分设交通核,西部交通核设一部客梯、一部疏散楼梯;由于东部交通靠近大堂次入口,人流量大,可设两部客梯、一部疏散楼梯;标准间二层平面在室外设置连廊与大堂区一层联系,同时将场地高差带来的不利因素转化为营造丰富空间变化的有利条件。标准间三、四层采用局部退台式处理,留出屋面活动空间,可观景,又可休息放松,也能够丰富建筑外形,呼应陈炉丘陵、台地的地形特色。

标准间的家具布置依照客房内部功能分为睡眠区、起居区、办公区、娱乐区、卫浴区,布置形式以灵活、舒适、精致为主,营造"家"的居住体验。室内装饰材料、灯光、用色以及艺术品陈设等以低调、高雅为主,并能体现陈炉地域特色。大床房睡眠区床铺尺寸为 2m×2m,办公区配 1.65m×0.75m 宽大写字台,起居区设舒适单人沙发以及圆形小茶几、落地灯。双床房睡眠区床铺尺寸为 1.2m×2m，办公区宽度分别为 0.6m、3.6m 通长写字桌，起居区设双人沙发、圆形小茶几、落地灯。透过间窗户可俯瞰陈炉全景，呈现独特的景观视野，高品质的客房体验与优美自然景色共同打造与众不同的品牌特色。

第二，套房设计。为解决场地高差，套房区采用与标准客房区降一层处理，即套房的一层相对于标准客房区为负一层，套房的二层与标准客房区的一层同等标高，套房区同样采用封闭单外廊设计。套房区平面形式为"C"形，与标准客房的西侧山墙共同围合。

模块一

公共空间设计与数字化概述

项目一　公共空间设计的概念辨析

公共空间设计，是环境设计的一个主要部分，是建筑内部空间理性创造的方法。其含义可以简要地理解为：运用一定的技术手段与经济能力，以科学为功能基础，以艺术为表现形式，建立安全、卫生、舒适、优美的内部环境，满足人们的物质功能与精神功能的需要。

"现代室内设计是科学、艺术和生活所结合而成的一个完美的整体。"[①] 随着时代的发展，一方面，室内设计的广泛内容和自身规律将随社会生产力和生产关系的发展而得到发展；另一方面，新材料、新技术和新结构等现代科学技术成果的不断推广和应用及声、光、电的协调配合，也将使室内设计上升到新的境界。

"公共空间的概念，应该来自其本身特有的人文环境形态，而不在于它的平面特点和立面装饰等。"[②] 在这个环境里，不只是满足人的个人需求，还应满足人与人的交往对环境提出的各种要求。环境对人的行为规范以及满足作为一个集合体和审美对象的环境艺术系统对其提出的要求。公共空间所服务的对象涉及不同层次、不同职业、不同种族等。

公共空间在不同时期和地域的表现还受诸多因素影响，包括社会、民族、文化、技术及个人。公共空间的特点就在于它能为生活、娱乐、交往、文化等社会活动创造有组织的空间，而不同的公共空间都有其自身的功能。公共空间的功能一般对它的空间形态和气氛的表现具有作用，每个时期的公共空间的特点均反映在空间布局和组织之中。如餐饮空间（图1-1）、娱乐空间、观演空间、综合空间等都存在各自功能特征、风格样式

---

① 刘佳，周旭婷，王丽．公共空间设计［M］．成都：西南交通大学出版社，2016.
② 莫钧．公共空间设计与实践［M］．武汉：武汉大学出版社，2016.

和空间布局。因此，从功能的角度看，公共空间具有多元性。可见，公共空间本身是复杂的，但公共空间的表现最终都要通过形式语言以一定的组织方式呈现出来。形式语言在发展过程中积淀下许多约定俗成的内容，人来自生活的感受各种各样，他对公共空间的感情和理解自然也各不相同。

图 1-1　餐饮空间

公共空间是随着现代社会的产生而出现的，是现代化的产物。公共空间又称公共领域，是介于私人领域与公共权威之间的非官方领域，是各种公众聚会场所的总称，它是指城市或城市群中，在建筑实体之间存在的开放空间体，城市居民进行公共交往活动的开放性场所。它还是人类与自然进行物质、能量和信息交流的重要场所，也是城市形象的重要表现之处。成功的公共空间是以活力为特点，并处于不断自我完善和强化的进程中。要使空间变得富有活力，就必须在一个具有吸引力和安全的环境中提供人们需要的东西，即如何在公共空间中营建和应用"空间与尺度""可达性与易达性""混合使用与密度""环境质量""公共设施""公共文化活动"等要素。公共空间首先是一个"空间"的概念，空间是物质存在的客观形式，由长、宽、高等量度表现出来，是物质存在延性和扩张性的表现。但形成具有实质意义的公共空间应该是有地域文化和内涵的，并赋予空间意义的"场所"。

项目二　公共空间设计目的与意义

一、公共空间设计目的

公共空间设计的主要目的是提供一个功能完善且舒适的环境，以满足各种人群的需求和活动。以下探讨公共空间设计的主要目的。

第一，促进社交互动。设计公共空间时应考虑创造一个社交互动的环境，为人们提供交流和互动的机会，增强社区凝聚力。

第二，促进身心健康。公共空间设计可以提供展示自然元素、绿化植物和进行户外活动的场所等，促进人们的身心健康，提供宜人的休闲环境。

第三，提供便利和可达性。公共空间设计应该考虑方便易达，为所有人群提供无障碍的通行途径，包括行动不便的人、老年人和残障人士等。

第四，促进可持续发展。公共空间设计要考虑环境可持续性，如使用可再生材料，采用节能设计和雨水收集系统等，以减少对环境的影响。

第五，提供各种功能。公共空间设计应该兼顾各种活动需求，包括休闲娱乐、文化展示、运动健身等，以满足不同人群的需求。

第六，增强安全性。公共空间设计应考虑安全因素，包括照明系统、监控设施和紧急出口设计等，确保人们在空间中感到安全和放心。

第七，提供审美功能和艺术价值。公共空间设计应注重美学和艺术价值，通过景观设计、艺术装置和雕塑等元素，提升空间的观赏性和吸引力。

总体而言，公共空间设计的目的是为创造一个功能齐全、舒适、美观、安全并促进人与人之间互动的社区空间。

二、公共空间设计意义

公共空间设计具有重要的意义和价值，具体有以下几方面。

第一，社交互动与凝聚力。公共空间设计可以促进社交互动，为不同人群提供交流和互动的机会。这有助于增强社区凝聚力和归属感，促进社会联系和合作。

第二，促进公众参与和民主决策。良好的公共空间设计可以鼓励公众参与和民主决策。这种参与可以通过公民讨论、公众投票、社区活动等方式实现，促进社会的民主决策和参与程度。

第三，增强身心健康。公共空间设计可以为人们提供宜人的休闲环境，促进身心健康。例如，公园和绿地提供了户外活动的场所，有助于人们进行锻炼、放松和减轻压力。

第四，提升城市品质和吸引力。优秀的公共空间设计可以提升城市的形象和品质，提升城市的吸引力和竞争力。独特和令人印象深刻的公共空间可以成为城市的地标，吸引游客和商业投资。

第五，促进可持续发展。公共空间设计可以促进可持续发展和环境保护工作。例如，使用可再生材料、节能设计和雨水收集系统等，有助于减少资源消耗和环境污染，助力城市的可持续发展。

第六，增强安全感和社会稳定。良好的公共空间设计可以增强人们的安全感，提供安全的环境和公共设施，减少犯罪和社会不安定因素，有助于维护社会的稳定和秩序。

总体而言，公共空间设计对于社会、环境和人们的生活质量有着重要的影响，它能够创造一个美好、功能完善、可持续和具有社交互动的环境，为公众提供丰富的体验。

项目三　公共空间设计通则与规范

一、公共空间设计通则

公共空间为保证符合适用、安全、卫生的基本要求，必须遵守各项规则和规范。以下是建筑设计中有关室内公共空间的一些设计通则。

（一）室内净高

第一，室内净高应按照地面至吊顶或楼板底面之间的垂直高度计算；楼板或屋盖下的下悬构件影响有效使用空间者，应按照地面至结构下缘之间的垂直高度计算。

第二，建筑物各种用房的室内净高应按单项建筑设计规范的规定执行。地下室、储藏室、局部夹层、走道及房间的最低处的净高不应低于2m。例如，学校用房主要房间净高要求见表1-1。

表 1-1　学校用房主要房间净高要求

房间名称	净高/m
小学教室	3.10
中学、中师、幼师教室	3.40
实验室	3.40
舞蹈教室	4.50
教学辅助用房	3.10
办公及服务用房	2.80
合班教室的净高度根据跨度决定	3.60
设双层床的学生宿舍	3.00

（二）楼梯、台阶、坡道与栏杆

第一，楼梯的数量、位置和楼梯的形式应满足使用方便和安全疏散的要求。

第二，楼段净宽除应符合防火规范的规定外，供日常主要交通用的楼梯的净宽度应根据建筑物使用特征，一般按每股人流宽度为0.55＋（0～0.15）m的人流股数确定，并不应少于两股人流。公共空间中人流众多的场所应该取上限值。

第三，楼段改变方向时，平台扶手处的最小宽度不应小于梯段净宽。当有搬运大型物件需要时，应再适量加宽。

第四，每个梯段的踏步一般不应超过18级，亦不少于3级。

第五，楼梯平台上部及下部过道处的净高不应小于2m，梯段净高不应小于2.2m。

第六，楼梯应至少于一侧设扶手，楼段净宽达三股人流时应两侧设扶手，达四股人流时应加设中间扶手。

第七，室内楼梯扶手高度自踏步前缘线量起不宜少于0.90m。靠楼梯井一侧水平扶手超过0.50m时，其高度不应小于1m。

第八，踏步前缘部分宜有防滑措施。

第九，有儿童经常使用的楼梯，梯井净宽大于0.20m，必须采取安全措施；栏杆应采用不易于攀登的构造，垂直杆件间的净距不应大于0.11m。

第十，楼梯踏步的最小宽度和最大高度应符合表1-2的规定。

表1-2 楼梯踏步的最小宽度和最大高度的规定

楼梯类型	最小宽度/m	最大高度/m
住宅共用楼梯	0.25	0.18
幼儿园、小学校等楼梯	0.26	0.15
电影院、剧场，体育馆、商场，医院，疗养院等楼梯	0.28	0.16
其他建筑物楼梯	0.26	0.17
专用服务楼梯、住宅内楼梯	0.22	0.22

第十一，无中柱螺旋梯和弧形楼梯离内侧扶手0.25m处的踏步宽度不应小于0.22m。

第十二，室内外台阶踏步宽度不宜小于0.30m，踏步高度不宜大于0.15m，室内台阶踏步数不应少于2级。

第十三，人流密集的场所台阶高度超过1m时，宜有护栏设施。

第十四，室内坡道不宜大于1:8，室外坡道不宜大于1:10，供轮椅使用的坡道不应大于1:12。

第十五，室内坡道水平投影长度超过15m时，宜设休息平台，平台宽度应根据轮椅或病床等尺寸及所需缓冲空间而定。

第十六，坡道应用防滑地面。

第十七，供轮椅使用的坡道两侧应设高度为0.65m的扶手。

第十八，栏杆应采用坚固、耐久的材料制作，并能承受荷载规范规定的水平荷载。

第十九，栏杆高度不应小于1.05m，高层建筑的栏杆高度应再适当提高，但不宜超过 1.20m。

（三）电梯与自动扶梯

第一，电梯井道和机房不宜与主要用房贴邻布置，否则应采取隔振、隔声措施。

第二，自动扶梯起止平台的深度除满足设备安装尺寸外，还应根据梯长和使用场所的人流留有足够的等候及缓冲面积（图1-2）。

图1-2 商场的自动扶梯

（四）楼地面、吊顶与门窗

第一，除有特殊使用要求外，楼地面应满足平整、耐磨、不起尘、防滑、易于清洁等要求。

第二，有给水设备或有浸水可能的楼地面，其面层和结合层应采用不透水材料构造；当为楼面时，应采取加强整体防水的措施。

第三，存放食品或药物等的房间，其存放物有可能与地面直接接触者，严禁采用有毒性的塑料、涂料或水玻璃等做面层材料。

第四，抹灰吊顶应设检修人孔及通风口。

第五，吊顶内设上下水管时应防止产生冷凝水。

第六，高大厅堂和管线较多的吊顶内，应留有检修空间，并根据需要设走道板。

第七，门窗的材料、尺寸、动能和质量等要符合国家建筑门窗综合标准的规定。

第八，开向公共走道的窗扇，其底面高度不应低于 2m。

第九，窗台低于 0.8m 时，应采取防护措施。

第十，双面弹簧门应在可视高度部分装透明玻璃。

第十一，旋转门、电动门和大型门附近应另设普通门。

第十二，开向疏散走道及楼梯门的门扇开足时，不应影响走道及楼梯平台的疏散宽度。

（五）厕所、盥洗室与浴室

第一，厕所、盥洗室、浴室不应布置在餐厅、食品加工、食品储存、配电及变电等有严格卫生要求或防潮要求用房的直接上层。

第二，各类公共空间卫生设备设置的数量应符合单项建筑设计规范的规定，当采用非单件设备时，小便槽按每位 0.60m 长度计作一件，盥洗槽按每位 0.70m 长度计作一件。

第三，厕所、盥洗室、浴室宜有天然采光和不向邻室对流的直接自然通风，严寒及寒冷地区宜设自然通风道；当自然通风不能满足通风换气要求时，应采用机械通风。

第四，楼地面、楼地面沟槽、管道穿楼板及楼板接墙面处应严密防水、防渗漏。

第五，楼地面、墙面（或墙裙）、小便槽面层应采用不吸水、不吸污、耐腐蚀、易于清洗的材料。

第六，室内上下水管和浴室顶棚应防冷凝水下滴，浴室热水管应防止烫到人。

第七，厕所应设洗手盆，并应设前室或有遮挡措施。

第八，盥洗室宜设搁板、镜子、衣帽钩等设施。

第九，浴室应设洗脸盆和衣帽钩，浴室不与厕所毗连时应设便器，浴位较多时应设集中更衣室及更衣柜。

第十，厕所和浴室隔间的平面尺寸应不小于以下规定（表 1-3）。

表 1-3　厕所和浴室隔间的平面尺寸的规定

类别	平面尺寸（宽×深）/（m×m）
外开门的厕所隔间	0.90×1.20
内开门的厕所隔间	0.90×1.40
外开门的淋浴隔间	1.00×1.20
内设更衣凳的淋浴隔间	1.00×（1.00+0.60）
盆浴隔间	浴盆长度×（浴盆宽度+0.65）

第十一，厕所隔间高度应为 1.50～1.80m，淋浴和盆浴隔间高度应为 1.80m。

第十二，第一具洗脸盆或盥洗槽水嘴中心与侧墙面净距不应小于 0.55m。

第十三，并列洗脸盆或盥洗槽水嘴中心距不应小于0.70m。

第十四，单侧并列洗脸盆或盥洗槽外沿至对面墙的净距不应小于1.25m。

第十五，双侧并列洗脸盆或盥洗槽外沿之间的净距不应小于1.80m。

第十六，浴缸长边至对面墙的净距不应小于0.65m。

第十七，并列小便器的中心距离不应小于0.65m。

第十八，单侧隔间至对面墙面的净距及双侧隔间之间的净距：当采用内开门时，不应小于1.10m；当采用外开门时，不应小于1.30m。

第十九，单侧厕所隔间至对面小便器或小便槽外沿之间的净距：当采用内开门时，不应小于1.10m；当采用外开门时，不应小于1.30m。

二、公共空间设计规划

公共空间设计规范是为了确保公共区域的功能性、可持续性、美观性以及社会互动性而制定的准则和标准。这些规范旨在创造一个能够满足各类人群需求、促进社交互动和提供舒适体验的环境。

（一）公共空间设计规划的原则

第一，可访问性和无障碍设计。公共空间应该为所有人提供平等的访问权利，包括老年人、儿童、残疾人等。无障碍设计原则涉及斜坡、电梯、无障碍通道等，以确保任何人都能够轻松进入和使用空间。

第二，功能性和多样性。公共空间应该满足多种功能需求，如休闲、娱乐、社交、文化活动等。不同功能区域的设计需要考虑一定的要求，确保空间在不同场景下具有最佳效用。

第三，安全性。安全是公共空间设计的首要原则。必须采取措施预防意外事件，如防滑地面、适当的照明、紧急出口标识等。

第四，绿化和自然元素。绿化有助于提高空气质量、提供舒适的环境，以及促进人们的健康和心理平衡。在公共空间中加入植被、花园和自然元素可以创造更加宜人的氛围。

第五，人性化尺度。空间的比例和尺度应该与人体比例相协调，确保人们身处其中不会感到拥挤或孤立。合理的座椅、空间布局和通道宽度有助于提供舒适的环境。

第六，社交互动。公共空间应该鼓励人们之间的社交互动和交流。提供适当的座位、户外活动区域、聚会空间等，以便人们可以方便地与他人交流。

第七，可持续性。在设计公共空间时，应考虑到环境的可持续性。使用可再生材料、节能灯具、雨水收集系统等可以减少资源的消耗和环境的负担。

第八，照明和声学设计。适当的照明和声学设计可以增强空间的舒适性。公共空间中应该有足够的照明，以确保在夜间和阴雨天气也能安全和美观。

第九，私密性和开放性的平衡。公共空间需要在私密性和开放性之间保持平衡。

一方面，人们需要在某些区域获得一定的隐私；另一方面，开放的区域能够促进社交和互动。

第十，艺术和文化元素。融入艺术品、雕塑、壁画等文化元素可以为公共空间增添独特的魅力，同时也促进了文化交流和认同感。

第十一，可变性和灵活性。公共空间的设计应该具有一定的可变性，以便在不同的场景和活动中灵活适应需求的变化。

第十二，健康和舒适。提供适当的座椅、防晒设施、遮雨设施等可以确保人们在空间中能够获得舒适的体验，而不受天气等因素影响。

第十三，建筑与环境融合。公共空间的建筑设计应与周围环境融合，尊重历史、文化和自然环境，创造出与周围环境协调一致的空间。

总而言之，公共空间设计规范是为了创造出具有多功能性、可持续性、人性化和社会互动性的环境。这些规范有助于提供舒适、安全、具有活力的公共空间，促进社会互动和文化交流，提升城市居民的生活质量。

（二）建筑内部装修设计的防火规范

建筑内部装修的消防安全原则为"预防为主、防消结合"。建筑内部装修设计的防火规范不适用于古建筑和木结构建筑的内部装修设计。建筑内部装修设计应妥善处理装修效果和使用安全的矛盾，积极采用不燃性材料和难燃性材料，尽量避免采用燃烧时会产生大量浓烟或有毒气体的材料，做到安全适用、技术先进、经济合理。

1. 装修材料的分类和分级

（1）装修材料按其使用部位和功能，可划分为七类：顶棚装修材料、墙面装修材料、地面装修材料、隔断装修材料、固定家具、装饰织物（窗帘、帷幕、家具等）、其他装饰材料（梯扶手、挂镜线、窗帘盒、暖气罩等）。

（2）装修材料按其燃烧性能应划分为四级，并应符合以下规定（表 1-4）。

表 1-4　装修材料按其燃烧性能的划分规定

等级	装修材料燃烧性能
A	不燃性
B_1	难燃性
B_2	可燃性
B_3	易燃性

（3）安装在钢龙骨上的纸面石膏板，可作为 A 级装修材料使用。

（4）当胶合板表面涂覆一级饰面型防火涂料时，可作为 B_1 级装修材料使用。

（5）单位质量小于 $300g/m^3$ 的纸质、布质壁纸，当直接粘贴在 A 级基材上时，可作为 B_1 级装修材料使用。

（6）施涂于 A 级基材上的无机装饰涂料，可作为 A 级装修材料使用；施涂于 A 级基材上，湿涂覆比小于 $1.5kg/m^2$ 的有机装饰涂料，可作为 B_1 级装修材料。涂料施涂于 B_1、B_2 级基材上时，应将涂料连同基材一起确定燃烧性能等级。

（7）当采用不同装修材料进行分层装修时，各层装修材料的燃烧性能等级均应符合本规范的规定。

2. 公共空间设计防火规范

（1）当顶棚或墙面表面局部采用多孔或泡沫状塑料时，其厚度不应大于 15mm，面积不得超过该房间顶棚或墙面面积的 10%。

（2）除地下建筑外，无窗房间的内部装修材料的燃烧性能等级，除 A 级外，应在本章规定的基础上提高一级。

（3）图书馆、资料室、档案室和存放文物的房间，其顶棚、墙面应采用 A 级的装修材料，地面应采用不低于 B_1 级的装修材料。

（4）大中型电子计算机房、中央控制室、电话总机房等放置特殊贵重设备的房间，其顶棚和墙面应采用 A 级装修材料，地面及其他装修应采用不低于 B_1 级的装修材料

（5）消防水泵房、排烟机房、固定灭火系统钢瓶间、配电室、变压器室、通风和空调机房等，其内部所有装修均应采用 A 级装修材料。

（6）无自然采光的楼梯间、封闭楼梯间、防烟楼梯间的顶棚、墙面和地面均应采用 A 级装修材料。

（7）建筑物内设有上下层连通的中庭、走马廊、开敞楼梯、自动扶梯时，其连通部位的顶棚、墙面应采用 A 级装修材料，其他部位应采用不低于 B_1 级的装修材料。

（8）防烟的挡烟垂壁，其装修应采用 A 级装修材料。

（9）建筑内部的变形缝（包括沉降缝、伸缩缝、抗震缝等）两侧的基层应采用 A 级的装修材料，表面装修应采用不低于 B_1 级的装修材料。

（10）建筑内部的配电箱不应直接安装在低于 B_1 级的装修材料上。

（11）照明灯具的高温部位，当靠近非 A 级的装修材料时，应采取隔热、散热等防火保护措施。灯饰所用材料的燃烧性能等级不应低于 B_1 级。

（12）公共建筑内部不宜设置采用由 B_3 级装饰材料制成的壁挂、雕塑、模型、标本；需要设置时，不应靠近火源或热源。

（13）地上建筑的水平疏散走道和安全出口的门厅，其顶棚装饰材料应采用 A 级装修材料，其他部位应采用不低于 B_1 级的装修材料。

（14）建筑内部消火栓的门不应被装饰物遮掩，消火栓四周的装修材料颜色应与消火栓门的颜色有明显区别。

（15）建筑内部装修不应遮挡消防设施和疏散指示标志及出口，并且不应妨碍消防设施和疏散走道的正常使用。

（16）建筑物内的厨房，其顶棚、墙面、地面均应采用 A 级的装修材料。

（17）经常使用明火器具的餐厅、科研试验室，装修材料的燃烧性能等级，除 A 级外，应在本章规定的基础上提高一级。

3. 不同功能空间的防火规范

（1）商业空间。

第一，商店的易燃、易爆商品库房宜独立设置；存放少量易燃、易爆的商品库房如与其他库房合建时，应设有防火墙隔断。

第二，大中型商业建筑中有屋盖的通廊或中庭（共享空间）及其两边建筑，各成防火分区时，应符合下列规定。①当两边建筑高度小于 24m 时，则通廊或中庭的最狭处宽度不应小于 6m；当建筑高度大于 24m 时，则该处宽度不应小于 13m。②商店建筑内如设有上下层连通的开敞楼梯、自动扶梯等开口部位时，应按上下连通层作为一个防火分区，其建筑面积之和不应超过防火规范的规定。③防火分区间应采用防火墙分隔，如有开口部位应设防火门窗或防火卷帘并装有水幕。

第三，商店营业厅的每一防火分区安全出口数目不应少于两个，营业厅内任何一点至最近安全出口直线距离不宜超过 20m。

第四，商店营业厅的出入门、安全门净宽度不应小于 1.40m，并不应设置门槛。

第五，商店营业部分的疏散通道和楼梯间内的装修橱窗和广告牌等均不得影响设计要求的疏散宽度

第六，大型百货商店、商场建筑物的营业层在五层以上时，宜设置直通屋顶平台的疏散楼梯间不少于两座，屋顶平台上无障碍物的避难面积不宜小于最大营业层建筑面积的 50%。

第七，商店营业部分疏散人数的计算，可按每层营业厅和为顾客服务用房的面积总数乘以换算系数（人/m²）来确定第一、二层，每层换算系数为 0.85；第三层，换算系数为 0.77；第四层及以上各层，每层换算系数为 0.60。

（2）办公空间。大空间办公是指一个层面全部或大部分区域未做墙体分隔或将房间隔墙和走道隔墙拆除后的开放办公空间。实施大空间后，建筑内部疏散走道与办公区域在同一个空间内，为确保疏散的安全可靠，对办公场所墙面装修材料和家具在现行规范的基础上作出更严格的要求：

第一，超高层、高层建筑的墙面材料应达到 A 级，局部需要做木装修的可采用 B_1 级的材料，但不应超过墙面的。

第二，多层建筑的墙面材料不应低于 B_1 级，局部需要做木装修的可采用 B_2 级的材料，但不应超过墙面积的 20%。

第三，顶面和地面的装修材料仍按《建筑内部装修设计防火规范》（GB 50222—2017）的规定执行。

第四，超高层、一类高层建筑内的家具，如办公桌、柜等宜使用防火板材或金属材料。

（3）酒店空间。

第一，集中式旅馆的每一防火分区应设有独立的、通向地面或避难层的安全出口，并不得少于2个。

第二，旅馆建筑内的商店、商品展销厅、餐厅、宴会厅等火灾危险性大、安全性要求高的功能区及用房，应独立划分防火分区或设置相应耐火极限的防火分隔，并设置必要的排烟设施。

第三，旅馆的客房、大型厅室、疏散走道及重要的公共用房等处的建筑装修材料，应采用非燃烧材料或难燃烧材料，并严禁使用燃烧时能产生有毒气体及窒息性气体的材料。

第四，公共用房、客房及疏散走道内的室内装饰，不得将疏散门及其标志遮蔽或引起混淆。

第五，各级旅馆建筑的自动报警及自动喷水灭火装置应符合《火灾自动报警系统设计规范》（GB 50116—2013）及《自动喷水灭火系统设计规范》（GB 50084—2017）的规定。

第六，消防控制室应设置在便于维修和管线布置最短的地方，并应设有直通室外的出口。

第七，消防控制室应设外线电话以及至各重要设备用房和旅馆主要负责人的对讲电话。

第八，旅馆建筑应设火灾事故照明及明显的疏散指示标志，其设置标准及范围应符合防火规范的规定。

第九，电力及照明系统应按消防分区进行配置，以便在火灾情况下进行分区控制。

第十，当高层旅馆建筑设有垃圾道、污水井时，其井道内应设置自动喷水灭火装置。

（4）其他常用防火规范。

第一，装修材料燃烧等级的降级。在未装有建筑自动消防设施的单、多层建设中，下述条件同时满足时其装修材料的燃烧性能等级可在规范规定的基础上降低一级：①单层、多层民用建筑内面积小于100m²的房间；②采用防火墙和甲级防火门窗与其他部位分离。

第二，当单层、多层民用建筑内装有自动灭火系统时，除顶棚外，其内部装修材料的燃烧性能等级可在规定的基础上降低一级。

第三，当同时装有火灾自动报警装置和自动灭火系统时，其顶棚装修材料的燃烧性能等级可在规定的基础上降低一级，其他装修材料的燃烧性能等级不受限制。

第四，高层民用建筑的裙房内面积小于500m²的房间，当设有自动灭火系统，并且采用耐火等级不低于2h的隔墙、甲级防火门、窗与其他部位分离时，顶棚、墙面、地面的装修材料的燃烧性能等级可在规范的基础上降低一级。

第五，歌舞娱乐放映场所、100m 以上的高层民用建筑以及大于 800 个座位的观众厅、会议厅、顶层餐厅即使装有建筑自动消防设施，内部装修材料的燃烧性能等级也不能降低。

4. 安全疏散及自动喷水灭火系统

(1) 安全疏散。

第一，建筑物内的安全疏散设施。一般而言，建筑的安全疏散设施有疏散楼梯和楼梯间、疏散走道、安全出口、应急照明和疏散指示标志、应急广播及辅助救生设施等；对高层建筑，还需设置避难层和直升飞机停机坪等。

第二，安全出口的设置要求。①高层居住建筑的户门不应直接开向前室，当确有困难时，部分开向前室的户门均应为乙级防火门。②高层建筑地下室、半地下室，每个防火分区的安全出口不应少于两个。当有两个以上防火分区，且相邻防火分区之间的防火墙上设有防火门时，每个防火区可分别设一个直通室外的安全出口。面积不超过 50m²，且经常停留人数不超过 15 人的房间，可设一道门。③高层建筑的安全出口应分散布置，两个安全出口之间的距离不应小于 5m。④高层建筑（除 18 层及 18 层以下的塔式住宅和顶层为外通廊式住宅）通向屋顶的疏散楼梯不宜少于两座，且不应穿过其他房间，通向屋顶的门应向屋顶方向开启。2 单元式住宅每个单元的疏散楼梯均应通至屋顶。⑤超过 6 层的组合式单元住宅和宿舍，各单元的楼梯间均应通至平屋顶；如户门采用乙级防火门，可不通至屋顶。⑥剧院、电影院、礼堂的观众安全出口的数目均不应少于两个，且每个安全出口的平均疏散人数不宜超过 250 人；容纳人数超过 2000 人时，其超过的部分，每个安全出口的平均疏散人数不应超过 400 人。

(2) 安全疏散设施的设置。火灾应急照明和疏散指示标志的设置如下。

第一，疏散用的应急照明，其地面最低照度不应低于 0.5lx。

第二，消防控制室、消防水泵房、防烟排烟机房、配电室和自备发电机房、电话总机房以及发生火灾时仍需坚持工作的其他房间的应急照明，仍应保证正常照明的照度。

第三，疏散应急照明灯宜设在墙面上或顶棚上。安全出口标志宜设在出口的顶部；疏散走道的指示标志宜设在疏散走道及其转角处距地面 1m 以下的墙面上，走道疏散标志灯的间距不应大于 20m。

第四，应急照明灯和疏散指示标志，应设玻璃或其他不燃烧材料制作的保护罩。

第五，应急照明和疏散指示标志，可采用蓄电池做备用电源，且连续供电时间不应少于 20min；对高度超过 100m 的高层建筑，连续供电时间不应少于 30min。

(3) 自动喷水灭火系统。

第一，自动喷水灭火系统中喷头的种类。自动喷水灭火系统的喷头担负着探测火灾、启动系统和喷水灭火的任务，是系统的关键组件之一。根据其结构和用途的不同，可分为闭式喷头和开式喷头。闭式喷头，按热敏元件的不同分为玻璃洒水喷头和易熔元件洒水喷头；按溅水盘的形式和安装方式又分为直立型洒水喷头、下垂型洒水喷头、边墙型洒水喷头和普通型洒水喷头；开式喷头用途分为开式洒水喷头、水幕喷头和喷雾喷头三种。

第二，喷头溅水盘顶板的距离。直立型、下垂型标准喷头其溅水盘与顶板的距离，不应小于75mm，且不应大于150mm（吊顶型喷头及吊顶下安装的喷头除外）。

第三，火灾自动报警探测器的布置要求。①宽度小于3m的内走道顶棚上设置探测器时，宜居中布置。感温探测器的安装距离不应超过10m，感烟探测器的安装距离不应超过15m；探测器至端墙的距离，不应大于探测器安装距离的一半。②探测器至墙壁、梁边的水平距离，不应小于0.5m。③探测器周围0.5m内，不应有遮挡物。④房间被书架、设备或隔断等分隔，其顶部至顶棚或梁的距离小于房间净高的5%时，每个被隔开的部分至少应安装一只探测器。⑤探测器至空调风口边的水平距离不应小于1.5m，并宜接进回风口安装；探测器至顶棚孔口的水平距离小于0.5m。⑥当屋顶有热屏障时，感烟探测器下表面至顶棚或屋顶的距离应符合规定。⑦锯齿形屋顶和坡度大于15°的人字形屋顶，应在每个屋脊处设置一排探测器。⑧探测器宜水平安装；当倾斜安装时，倾斜角不应大于45°。⑨电梯井、升降机井设置探测器时，其位置宜在井道上方的机房屋顶上。

第四，手动火灾报警按钮的设置要求。①每个防火分区应至少设置一个手动火灾报警按钮。从一个防火分区内的任何位置到最近的一个手动火灾报警按钮的距离不应大于30m，手动火灾报警按钮设置在公共活动场所的出入口处。②手动火灾报警按钮应设置在明显的和便于操作的部位。当安装在墙上时，其底边距地高度宜为1.3～1.5m，且应有明显的标志。

第五，自动喷水灭火系统的喷头布置。①喷头布置间距要考虑到房间的任何部位都能受到喷水保护，还应有一定的喷水强度；自动喷水灭火系统的中危险级，要求喷头布置的间距为3.6m或3.4m。②顶板或吊顶为斜面时，喷头应垂直于斜面，并应按斜面距离确定间距。③坡屋顶的屋脊处应设一排喷头。喷头溅水盘至屋脊的垂直距离为：屋顶坡度大于1∶3时，不应大于0.8m；屋顶坡度小于1∶3时，不应大于0.6m。④喷头应布置在顶板或吊顶下易于接触到火灾热气流并有利于均匀布水的位置，当喷头附近有障碍物时，应符合规范的规定或增设补偿喷水强度的喷头；净空超过800mm的闷顶和技术夹层内有可燃物时，应设置喷头。⑤当局部场所设置自动喷水灭火系统时，与相邻不设自动喷水灭火系统场所连通的走道或连通开口的外侧，应设喷头。⑥当梁、装饰物、通风管、排管、桥架等障碍物的宽度大于1.2m时，其下方增设喷头。⑦感烟探测器保护面积为80m²，保护半径为6.7m。走廊感烟探测器应居中布置，安装间距小于等于15m，至端墙的距离为7.5m。

项目四　公共空间设计原则与要素

一、公共空间设计原则

（一）公共空间设计的实用性原则

随着社会的发展，人民的生活水平不断提高，科学技术水平有了很大的进步，人们对于公共空间功能上的要求也就越来越多样化，公共空间的功能除了传统的设计理念、设计方法外，又有很多新增的功能需要，这是在设计中必须注意的，公共空间设计的基本原则是实用性原则，可以从以下几方面进行考虑。

第一，使用功能。绝大部分的建筑物和环境的创建都具有十分明确的使用功能，满足人的使用要求是公共空间设计的前提。"公共空间环境设计是城市整体设计的一个重要组成部分，对城市的功能的发挥有较大影响。[①]"开展公共空间环境设计要坚持一定的原则。另外，投资者和未来的使用者对使用价值有明确的要求，设计方案必须能够体现出项目的使用价值。

第二，安全意识。防火、防盗功能是公共空间设计不容忽视的重要组成部分，如大型公共场所必须具备安全的疏散通道，设计烟感应系统、自动喷淋装置，所使用的装饰材质必须绿色环保，对人体无毒害。

第三，精神功能。精神功能主要表现在室内空间的气氛、室内空间的感受上。如法院等在设计上往往以体现庄严肃穆为主，其特点为空间高大、色彩肃穆。而生活化的场合，如家庭、娱乐场所、商场等，要以欢快、活泼的设计风格为主，空间自由灵活、色彩丰富多变。

（二）公共空间设计的舒适性原则

公共空间对于大众利益的理解和服务负有特殊的责任，好的空间设计应该做到为人服务、以人为本，不仅仅是为了满足人的观赏、游玩、购物等活动的需要，更应重视对现代人心理与生理的体验，重视人性化理念。根据人的工作需要、生活习惯、视觉心理等因素，设计出一个人们普遍乐于接受的环境是公共空间设计的最终目标。在大型公共空间出现了更多公共休闲区域、等候区域和共享区域，这些区域中为了更好地服务于人而提供如报纸、杂志、饮用水等设施，以便更好地满足人们的各种需求。

舒适性体现在空间的尺度、材料的使用、色彩与文化心理等多个方面。公共空间设计应最大限度地满足现代人的生存需求，并且创造出具有文化价值的生存空间，体现民

---

① 郝熙凯.公共空间环境设计原则初探［J］.知音励志，2016（7）：207.

族性、传统性；具有地方特色的文化底蕴；并融入近现代人生存方式的设计思想和设计理念。公共空间的设计提倡营造民族的、本土的文明，提倡古为今用、洋为中用，这是历史赋予我们的使命。

（三）公共空间设计的技术与工艺适用原则

公共空间设计是一个全方位的、综合思考的过程，除了对结构、功能、色调等方面的考虑外，还要对材料、技术、工艺运用进行分析。结合当地的材料和技术条件以及成本来进行方案设计，是公共空间设计的一个重要原则。

第一，新材料的运用。传统材料伴随着人类的发展已经有数千年的历史，对于人类无论是生理上还是心理上，都难以改变其深刻的烙印，传统材料能给人们带来一种安心、熟悉的心理感受。

第二，声、光、电等新技术使用。如公共空间中，可视图像代替了传统的宣传板，公共空间的导引系统更多地引入大屏幕或电脑的触摸装置，使人们更方便、更快捷地得到服务这些功能，从而极大地满足人们对于休闲、娱乐和提高工作效率的愿望，既增加了实用功能，又使设计更具科学性与艺术性。

（四）公共空间设计的形式美法则

空间设计无论风格如何、流派怎样，都要遵循一定的形式美法则。形式美法则是客观世界固有的内在规律在艺术范畴中的反映，是人类在创造美的形式、美的过程中对美的形式规律的经验总结和概括。它具有相当稳定的性质，是人们进行艺术创造和形式构成的基本法则。设计是一种视觉造型艺术，必须以具体的视觉形式来体现，并力求给人以美的感受。因此，对于形式美法则的了解和认识，可以帮助我们在展示形式构成中判断优势、决定取舍、锤炼素材，深化表达，展示理念，以获得优美的表现形式。

1. 对称

对称是指中心轴的两边或四周的形象相同或相近而形成的一种静止现象，这是一种古老而有力的构图形式。我国古代宫殿、庙宇、墓室以及民居中的四合院等建筑无不是通过这一形式来呈现的；自然界中的对称形式更是不胜枚举，动物的四肢、鸟禽的翅膀、树木的枝叶等，人体就是诸多对称形式的产物。

对称分为完全对称和近似对称。完全对称是指中心点的两侧和四周绝对相同或相等，采用这种形式来处理都会产生安稳、秩序的效果。近似对称是指宏观上的对称，是一种在局部上有多样变化，在有序中求活、不变中求变的富有对称性质的形式。利用对称来进行空间构图，会给人一种庄重、大方、肃穆的感觉。由于它在知觉上无对抗感，能使空间容易辨认。当然，这种构图形式如处理不好，也会出现呆板、单调的效果。为了避免这种倾向，在整体对称格局形成之后，可对局部细节的诸因素进行调整和转换。

（1）采用形状转换。使中心轴两边的形象转换成体量或姿态相同的其他形象。

（2）采用方向反转。使轴线两边的形象颠倒正背方向或颠倒左右方向，从而形成动感。

（3）调整体量。使轴线两边的形象在画面上所占面积的大小或虚实有所差异。

（4）改变动态。使轴线两边的姿势动作产生微妙变化等。

2. 均衡

处于地球引力场内的一切物体，如果要保持平衡、稳定，必须具备一定的条件。像山那样下大上小，像树那样四周对应着生长枝丫，像人那样具有左右对称的形体，像鸟那样具有双翼……自然界这些客观存在不可避免地反映于人的感官，同时必然也会给人以启示。凡是符合上述条件的，就会使人感到均衡和稳定；而违反这些条件的，就会使人产生不安的感觉。

在空间范畴内，均衡是使各形式要素的视觉感保持一种平衡关系。均衡是自然界中相对静止的物体，遵循力学原则而普遍存在的一种安定状态，也是人们在审美心理上寻求视觉心理均衡感的一种本能要求。均衡可分为静态均衡和动态均衡。

（1）静态均衡是指在相对静止条件下的平衡关系。即在中心轴左右形成对称的形态，对称的形态自然就是均衡的，由于这种形式沿中轴线两侧必须保持严格的制约关系，从而容易获得统一性，通过对称一方面取得平衡，一方面组合成一个有机的整体，给人一种严谨、理性和庄重的感觉，这也是很多古典建筑遵循的法则之一。

（2）动态均衡是指以不等质或不等量的形态求得非对称的平衡形式，也称不规则均衡或杠杆平衡原理。即一个远离中心的小物体通过一个靠近中心的较为重要的大物体来加以平衡，这种形式的均衡同样体现出各组成部分之间在质量感上相互制约的关系。动态均衡具有一种变化的、不规则的性格，给人以灵活、感性和轻快、活泼的感觉。

3. 反复

反复是指相同或相似的要素按一定的次序重复出现的现象。反复可创造形式要素间的单纯秩序和节奏美感，使对象容易辨认，在知觉上不产生对抗和杂乱感，同时使对象不断被人感知，加深印象，增加记忆度。

反复是一种极为古老而被广泛运用的形式，它是使具有相同的与相异的视觉要素（尺寸、形状、色彩、肌理）获得规律化的最可靠的方法。反复的形式可分为单纯反复和变化反复。

（1）单纯反复是指形式要素按照相同的位置、距离简单地重复出现，创造出一种均一美的效果，给人以单纯、清晰、连续、平和之感。

（2）变化反复是指形式要素在序列空间上，采用不同的间隔方式进行重复，给人以反复中有变化的感觉，不仅能产生节奏感，还会形成韵律美。

4. 渐次

渐次是指连续出现近似形式要素的变化，表现出方向的递增和递减规律。渐次与反复存在着相同之处，都是按一定秩序不断地重复相近的要素；不同之处是各要素在数量、形态、色彩、位置及距离等方面有渐次增加或渐次减少的等级变化。渐次在客观世界中随处可见。如树枝上的叶子从大渐小、数量从疏渐密、颜色从浓渐淡的变化；石头扔到池塘中荡漾的涟漪；雨后的彩虹；电线杆由于纵深透视从近高到远低的变化；重檐式宝塔在体量层高上层层渐次的变化等。

渐次的特征是通过要素形式的连续近似创造一种动感，力度感和抒情感，是通过要素的微差关系求得形式统一的手段。无论怎样极端化的对立要素，只要在它们之间采取渐次递增或渐次递减的过渡，都可以产生一种秩序的美感。

使用渐次法则，关键在于按一定比例逐渐实行量的递增或递减，使同一货币的表情越演越烈地一直流畅地贯穿下去，这是渐变美的核心，否则就改变了秩序，失去了这种美。当然，渐次并不绝对排斥局部节奏的起伏，以求得微妙的变化。在反复和渐变构图要素中，如果突然出现不规则要素或不规则的组合，会造成突变，使人的注意力变得集中，也能取得意想不到的效果。

5. 节奏

节奏原指音乐中交替出现的、有规律的强弱、长短的现象，喻指均匀的、有规律的进程。节奏这个具有时间感的用语在构成设计上是指以同一视觉要素连续重复时所产生的运动感，是由连续出现的形象组成有起有落的韵律，是客观事物合乎周期性运动变化规律的一种形式，也可称为有规律的重复。它的特征是使各种形式要素间具有单纯和明确的关系，使之富有机械美。自然界中许多事物和现象，往往由于有规律地重复出现或有秩序地变化而激发人的美感，从而出现以具有条理性、重复性、连续性为特征的韵律美。

6. 韵律

韵律是有规律的抑扬变化，它是形式要素规律重复的一种属性。其特点是使形式更具律动。这种抑扬变化的律动，在生活中俯拾即是，如人的呼吸和心跳以及其他生理活动，都是自然界中强烈的韵律现象。

前文提到的节奏和韵律既有区别又互相联系：节奏是韵律的纯化；韵律是节奏的深化，是情调在节奏中的运用。如果说，节奏定于理性，韵律则更富感情节奏，韵律的主要作用就是使形式产生情趣，使之具有抒情的意味。韵律的形式按其形态划分，有静态的韵律、激动的韵律、微妙的韵律、雄壮的韵律、单纯的韵律、复杂的韵律、旋转的韵律、自由的韵律等。这些富有表情的形式，对空间来讲是极为丰富的。由于韵律本身具有明显的条理性、重复性、连续性，因而在建筑设计领域借助韵律处理既可建立一定的秩序，又可获得各式各样的变化。

7. 对比

所谓对比，是指各形式要素彼此不同的性质对比，是表现形式间相异的一种法则，它的主要作用是使构造形式产生生动的效果，使之富有活力。对比是被广泛运用的形式

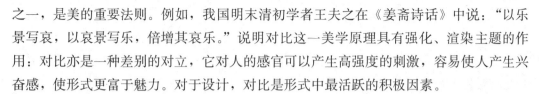

之一，是美的重要法则。例如，我国明末清初学者王夫之在《姜斋诗话》中说："以乐景写哀，以哀景写乐，倍增其哀乐。"说明对比这一美学原理具有强化、渲染主题的作用；对比亦是一种差别的对立，它对人的感官可以产生高强度的刺激，容易使人产生兴奋感，使形式更富于魅力。对于设计，对比是形式中最活跃的积极因素。

对比这一法则所包含的内容十分丰富，有形状的对比、尺寸的对比、位置的对比、色彩的对比、方向的对比、肌理的对比等。它们具体体现在形体、装饰物、构造、背景等要素的组合关系之中，即包括在直线与曲线、明与暗、凹与凸、暖与寒、水平与垂直、大与小、多与少、高与低、轻与重、软与硬、锐与钝、光滑与粗糙、厚与薄、透明与不透明、清与浊、发光与不发光、上升与下降、强与弱、快与慢、集中与分散、开与闭、动与静、离心与向心、奇与偶等差别要素的对照之中，处理好这些要素在空间中的对比关系，是设计形式能否取得生动、鲜明的视觉效果的关键因素。

8. 主从

主从是指在同一整体中各不同的组成部分之间由于位置、功能的区别而存在的一种差异性。就像自然界中植物的干与枝、花与叶，动物的躯干与四肢，各种艺术形式中的主题与副题，主角与配角等都表现为一种主从关系。在一个有机统一的整体中，各组成部权重不同，它们应该有主与从的差别、有重点和一般的差别、有核心和外围的差别。如果各要素完全平均分布，同等对待，难免会松散、单调。

9. 调和

调和是指在同一整体中各个不同的组成部分之间具有的共同因素。调和在自然界中是一种常见的状态。比如地球表面覆盖着的植被，有乔木、灌木、草本植物和苔藓植物，它们的形状、姿态尽管千差万别，却有着共同的颜色，即绿色。因此，大地植被给人们的整体视觉感是协调、悦目的。在设计中，调和构成具有十分积极的作用。调和不单是部分之间的类似要素的强弱对比，而且包含着类似与相异的协调关系。因此，调和体现了局部要素的对比与整体之间的关系，没有整体感，局部对比便失去了依存，画面也不会有生动感。从调和的特征来看，类似要素的调和，给人以抒情、平静、稳定、含蓄、柔和的感觉。差异要素的调和有着更为丰富的内涵，给人以明快、强烈、鲜明、有力、清新的感觉。

10. 变化与统一

客观世界中，各种事物之间既有可调和的因素，又有相互排斥的因素。调和与排斥组成矛盾，即对立和统一的矛盾，它是人类社会和自然界一切事物的基本规律。这种既对立又统一的规律，在艺术形式范畴中具体运用时，即体现为变化与统一的形式美感规律。在形式构成中，它表现在各形式要素间既有区别又相互联系的关系上、变化表现在形式要素的区别之中，而统一表现在形式要素间的联系之中。前者是指对照的相异关系，后者则是指相同或相似的关系。变化和统一，是在协调中寻求丰富多样，在区别中寻求和谐。这是取得形式美感稳定的永恒的规律。

变化和统一是形式构成中最为重要的法则，是形式美感法则中的中心法则，它包含着对称、均衡、反复、渐次、节奏、韵律、对比、调和、主从等具体法则的所有内容，并对这些内容起统筹作用。例如，在形式构成中，过分的对称会造成呆板，可调节局部使之在对称中有微妙变化；过分的混乱破坏了均衡，可调节内在秩序，使之在变化中产生均衡感。同样的道理，过分的对比应注意增强量的调和，会导致毫无刺激而无舒适感；过分的调和则应注意微量的对比调节，可使调和不至于太暧昧与平庸；单一反复中应注意调节细部的处理，不致使重复流于单调；太规则的渐次应注意幅度的微妙调节，使渐次在秩序中不平淡等。

变化和统一在形式构成中，相辅相成、配合默契，但两者亦不能处于等量的地位。如要追求动荡的刺激，即可加强统一中的变化因素；如要追求安定、平和，则可强调统一，其余所有法则在具体运用时，无不体现这一中心法则的根本要求。

变化和统一是矛盾的两个方面。尽管两个方面处于对立的位置，却是不可分割的整体。中国画的形式构成中常以"相兼"来调节矛盾这两个方面的相互关系，如方中见圆、圆中见方、疏密相兼、虚实相兼，即把矛盾的两个方面调整为兼而有之的一种美感追求。设计构成中，如果能使形体、装饰物、构造、背景等构成要素在虚实、疏密、松紧、黑白、轻重、大小、繁简、聚散、开合等许多矛盾中兼而有之，可使空间呈现出既生动、活泼，又有秩序、可调和的视觉形式。

形式中的变化统一关系，是矛盾的要素相互依存、相互制约和相互作用的关系，它最突出的表现就是和谐。而这里的和谐，并非消极的变化和简单的协调统一，而是积极的变化，使互相排斥的东西有机地组合。一个优秀的设计形式，如果缺乏统一，则必然杂乱无章。和谐不是信手拈来、随意而得的，而是从变化和统一的相互关系中得来的。故应认真研究和掌握既变化又统一的相互关系，并有效地运用在设计形式的构成之中。

二、公共空间设计要素

室内设计是建筑内部空间的环境设计，根据空间使用性质和所处环境，运用物质技术手段，创造出功能合理、舒适、美观、符合人的生理和心理要求的理想场所。功能、空间、界面、饰品及绿化、经济、文化为室内设计的六要素。

第一，功能。功能至上是室内装饰设计的根本，空间本来就和人的关系最为密切，如何满足每个不同的消费成员的生活细节所需，是设计师和客户之间沟通的一个重要环节。

第二，空间。围绕功能规划，使空间具有"凝固音乐的韵律美"，是室内设计的表现手法。空间设计是运用界定的各种手法进行室内形态的塑造，塑造室内形态的主要依据是现代人的物质需求和精神需求，以及技术的合理性。常见的空间形态有封闭空间、虚拟空间、灰空间、母子空间、下沉空间、地台空间等。

第三，界面。界面是建筑内部各表面的造型、色彩、用料的选择和处理。它包括墙面、顶面、地面以及相交部分的设计。设计师在做一套室内装修设计方案时需要明确主题，就像一篇文章要有中心思想，使公共建筑与室内装饰完美地结合，包括鲜明的节奏、变幻的色彩、虚实的对比、点线面的和谐。

第四，饰品及绿化。饰品就是陈设物，是当建筑室内设计完成功能、空间、界面整合后的点睛之笔，给室内以生动之态、温馨气氛、陶冶性情、增强生活气息的良好效果。室内绿化（图1-3）主要是利用植物的美化作用和调剂情绪的功能，结合园林常见的手段和方法，运用绿化植物本身丰富的形态和色彩，在室内种植或摆放观赏植物，以起到改善小气候和清洁空气、协调人与环境的关系、完善和柔化室内空间的作用。

图1-3　室内绿化

第五，经济。如何在有限的投入下达到最佳效果是每个设计师都需要考虑的。合理、有机地设计各部分，是一名出色室内设计师的基本功。

第六，文化。充分表达并升华室内文化内涵应该是设计师在设计时必须要追求的。设计的文化内涵和底蕴，对于其他相关设计如平面设计、广告设计、景观设计、展示设计等都具有同样重要的作用。想成为出色的专业设计师，提升文化素养是其与制作员、绘图师最大的区别。

项目五　数字化时代公共空间设计价值

在数字化技术迅速发展的今天，公共空间的设计价值越发显得至关重要。这是因为数字化技术已经对人们的生活方式和社会互动产生了深刻的影响。在数字化时代，公共空间设计所扮演的角色不再限于提供实体场所，更涵盖了社交互动、多样性与包容性、创新体验、信息传达与教育、可持续性智能化、参与式城市规划、身份认同以及创造力思考等方面。以下将会对这些关键点进行详尽的探讨，以阐明数字化时代公共空间设计的重要性。

第一，尽管数字化技术为人们带来了虚拟社交和互动的机会，但公共空间仍然扮演着现实社交的关键角色。社交互动与连接不仅仅是线上社交平台所能够提供的，更多地体现在面对面的交流、分享和合作。公共空间的设计应该致力于创造舒适、鼓励互动的环境，以促进人们之间的社交联系，增强社区的凝聚力。

第二，数字化技术能够让来自不同背景和兴趣各异的个体相互连接，因此公共空间的设计需要考虑如何营造一个包容性的环境。这需要关注无障碍设施的设计，以确保每个人都能够轻松地进入和使用公共空间。此外，文化多样性的反映也是至关重要的，这可以通过公共艺术、文化展示等方式来实现。针对不同年龄层次的需求，设计还应该具备灵活性，能够满足不同人群的需求。

第三，数字化技术的引入为公共空间的创新体验带来了新的可能性。增强现实、虚拟现实及各种互动装置等技术可以巧妙地应用于公共空间的设计中，创造引人入胜的互动体验。这种创新不仅可以吸引人们的参与，还可以使公共空间更具吸引力。

第四，信息传达与教育是公共空间的另一个重要功能。数字化技术可以被用来展示实时信息、艺术作品、教育内容等，为人们提供有价值的信息。通过数字化媒介，公共空间可以成为传递知识和启发思考的平台，促进人们的学习和成长。

第五，可持续性和智能化是数字化时代公共空间设计的另一个关键点。数字化技术可以被运用于提高公共空间的可持续性水平。例如通过智能照明和能源管理系统来减少能源消耗，以及数字化的垃圾管理系统来提升环保效率。这些技术的应用不仅可以节约资源，还可以为城市创造一个更加环保和可持续发展的社会环境。

第六，参与式城市规划也是数字化时代公共空间设计的一个重要趋势。通过社交媒体、线上调查等方式，民众的需求和意见可以更加直接地被收集起来。这使得公共空间的规划和设计更加贴近居民的期望，更能够满足他们的需求，从而创造出更具人性化的空间。

第七，数字化时代的公共空间设计还能够塑造城市或社区的独特身份和认同感。建筑风格、公共艺术、标志性建筑等元素都可以被充分利用，将公共空间变成城市的标志性特征，为城市营造出独特的文化氛围。

第八，公共空间也能够成为远离数字设备、进行深思熟虑和创造性思考的场所。在这个高度数字化的时代，人们越来越需要从虚拟世界中解脱出来，寻找宁静和灵感。设计可以通过提供宜人的环境，鼓励人们进行创造性的思考，从而丰富他们的内心世界。

综上所述，数字化时代的公共空间设计追求多样性、互动性、可持续性和创新性，同时也需要充分尊重人们的需求和社会变化。公共空间作为社会生活的重要组成部分，承载着社交、文化、教育、可持续发展等多重功能，应该为城市居民创造一个丰富、有意义的社会环境，使人们在数字化时代依然能够体验到真实而丰富的社会互动和体验。

思政园地

1. 2022 年 6 月 13 日，内蒙古鄂尔多斯市东胜区购物中心发生火灾，导致餐饮区 2 人死亡，直接财产损失为 2430.55 万元。起火原因为电缆短路引燃周围阻燃胶合板、电气线路等。

2. 2019 年 4 月 15 日，法国巴黎圣母院发生火灾，虽然没有造成人员伤亡，但包括"玫瑰花窗"在内的大量文物在大火中损毁，造成的经济损失难以估量，预计 2024 年才能完成这座法国地标建筑的修复工程。起火原因可能为顶楼的电线短路导致的。

公共空间通常有大量的家具、装饰物等，这些物品在火灾发生时可能迅速燃烧，释放出大量烟雾和热量。一些公共空间设计上还具有较高的密封性，这可能导致火灾发生后烟雾和热量无法迅速排出，增加了人员疏散的困难。另外，公共空间中人员密集，人们相对不易察觉潜在危险，一旦发生火灾就容易混乱而影响逃生效率。因此一旦发生火灾，公共空间火灾不仅对人员安全带来威胁，还会给经济带来严重损失。

因此，公共空间设计要严格按照《建筑设计防火规范（2018 年版）》（GB 50016—2014）、《建筑内部装修设计防火规范》（GB 50222—2017）等文件要求，在公共空间的设计和装修过程中，严格按照相关的防火规范进行设计和施工，选择符合防火要求的材料和设备，确保建筑物的防火性能满足标准要求。加强公共空间的消防设施建设，如安装火灾报警系统、喷淋系统、疏散通道等，确保火灾预警和灭火设备的有效性和可靠性。同时在施工及运营管理中应加强消防管理，确保各项防火措施得到有效执行，及时发现和整改存在的安全隐患。加大消防宣传力度及消防培训，从源头控制火灾事件发生的概率。

模块二

公共空间设计的要素与数字赋能

项目一　公共空间设计中的心理学

环境心理学是从心理学的角度，探讨人与环境的关系，探索环境对人们行为产生的影响。环境心理学认为，人类的活动既具有个体性的差异，也具有群体性的特征，它会因民族性、地域性或时间性的差异而有差异。这就要求我们设计室内公共空间时，在考虑人的感觉与知觉基本反应的同时，还要将群体的情感与审美心理作为设计的一个因素来深入考虑。

一、感觉与知觉

每个空间的功能都包括物质功能和精神功能，二者联系紧密。物质功能是指空间的物理性能，包括空间的面积、体积、大小、形状、比例等。它要考虑空间中的功能、交通、陈设、消防、采光、通风、隔热、隔声等因素，而空间的精神功能是建立在物质基础之上的，在满足物质功能的同时，还要从人的文化和心理需求来考虑，包括人的审美、民族、风格、情趣等，来创造一个适宜的空间环境。

公共空间设计不仅是满足物质功能。物质和精神功能相结合创造出有意境和氛围的、适宜人类在其间活动的空间环境才是目的。公共空间的设计中要满足物质和精神功能的结合，这与人的行为有着密不可分的联系，而人的行为又与人的心理有密不可分的关系。所以在研究公共空间的设计时，必然会涉及人的心理感知。公共空间设计不仅注重个人的感觉与知觉，更要注重群体的感觉与知觉。公共空间的设计是为了满足大众共同的审美情趣，这就是进行公共空间设计的基础。室内环境与人的心理与行为息息相关，具体从以下几方面探讨。

（一）距离性

距离性①的概念涉及人们在不同的人际关系和场合中所需的距离，以满足交流和互动的需要。这种距离性的要求往往会根据人与人之间的亲疏关系以及特定行为情境的特点而有所不同。

在人际交流中，距离性起着至关重要的作用。人们与不同的人交往时，对距离的要求可能会不同。例如，在亲密的朋友或家人之间，人们可能更容易接受更近距离的交往，因为他们之间的亲近感和信任度较高。相比之下，在与陌生人或正式场合的互动中，人们可能更倾向于保持较远的距离，以尊重彼此的个人空间和隐私。此外，距离性还与人们的行为特征和文化背景有关。不同文化中，人们对于距离的接受程度可能存在差异。有些文化更注重个人空间和隐私，因此在交流中会保持较远的距离；而另一些文化可能更愿意在交往中保持较近的距离，以表达亲近和友好。

总体而言，距离性是一个复杂而多维的概念，涵盖了人际关系、行为特征和文化因素等多个方面。在不同情境下，人们会根据自身的需求和环境的要求来调整距离，以达到交流和互动的目的。因此，在设计室内空间和促进人际交往时，考虑到距离性的因素是至关重要的，这样才能确保人们在不同的情境下都能够舒适地交流和互动。

（二）隐私性

在不同的社会和一个社会的不同部分，人们对隐私有着不同的要求。从某种程度上来说，隐私性几乎是每个人都需要的。隐私性在室内空间中也有很多的体现。如在餐厅选择座位时，人们多愿意优先挑选空间相对独立的包间或相对较少受其他人干扰的位置，而尽量避免选择人流频繁的位置。同样，在办公室选择座位也是如此，人们都会尽量选择有一定自由度的、少受监控的位置，这样能提高人对工作的满意度。

（三）安全感

在人口密度极高的环境中居住和工作，人们往往会感到压抑，并且缺乏安全感。特别是在室内的公共空间中活动，人们对于心理感受中的安全感显得尤为重要。以火车站或地铁站为例（图2-1），人们通常会避免停留在最容易被他人逼近的区域，而更倾向于选择站在立柱或墙边，与人流通道保持一定的距离。在这些位置，人们可以感受到一种依托感，从而增强安全感。同样的情况也体现在办公室环境中，人们在选择座位时会考虑到背后的环境。选择一个座位时，很多人更倾向于选择背靠实墙的位置，而不是面向人流频繁的区域。这是因为当一个人背对着人流时，往往会产生不安全感。

总而言之，人们在拥挤的环境中往往会寻求一种安全感和依托感。无论是在公共交通站点还是办公场所，人们在选择站立或座位位置时，都会倾向于选择能够提供更多安全感的位置，这种行为背后反映了人们对于心理安全感的追求。

---

① 距离性是一个与室内空间中人与人之间的相对距离有关的概念，它在人际交流和接触中具有重要意义。

图 2-1　室内地铁站台

（四）领域性与空间性

领域性是动物在环境中为获得生存、取得食物、繁衍生息等的一种行为方式。动物会通过气味、痕迹来划定一个相对固定的领域，与大多数的动物一样，人类也有控制周围空间的冲动。人具有一定的动物属性，但人与动物有本质的区别。当一组人感到某个地区属于他们所在的集体时，不再单独行动，而是为了彼此共同的利益而采取集体行动。在人漫长的进化过程中，创造出了适宜自身生存的室内环境，在这个环境中生产、生活、活动，并且总是力求其活动不被外界影响。

此外，空间性是指人类共同的活动空间有其必需的生理和心理范围与领域，因此不同的活动范围就创造出不同的空间领域。在人类活动的室内设计中，通过若干的元素围合和分割的方式可以界定空间。地面可以界定一种领域感；顶面可以给领域感提供一种遮蔽，墙面可以把空间进行划分，柱体界定了可穿行相对透明的空间界面。

二、情感与审美

公共空间的审美特点，讲求的是环境气氛、造型风格和象征含义，另外还要给人以情景意境、知觉感受和联想。人置身于公共空间，必然因受到环境气氛的感染而产生种种审美的反应。公共空间设计手法中能使人产生情感和审美，具体如下。

第一，尺度感。在空间较大范围内，人与空旷高大的空间之间产生强烈的对比尺度，产生浓郁的气氛和神秘感。

第二，动线转移。在古典园林中，人们可以体会到"一步一景、步移景异"的艺术效果。它的特点是景色随时间和空间的推移与转换，室内外景色相互渗透，人在有组织的空间序列中的移动而变化。

第三，形状和体积。突破常规的形状和打破视觉平衡的形状空间会给人以动态、富

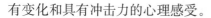

有变化和具有冲击力的心理感受。

第四，新技术。各种新技术和新材料的应用，使内部的分隔墙脱离了承重的作用，而变得轻、薄、曲、折，给各室内空间创造了各种可能性。

此外，就群体而言，地域、民族、文化、时代、社会地位、世界观、信仰、修养和社会阅历不同的人会产生不同的审美判断。另外，实验心理学家通过实验和统计指出，就色彩而言：外向型、情感型的人比较喜欢暖色，喜欢对比、活泼的色彩关系；内向型、理智型的人比较喜欢冷色，喜欢和谐的、沉静的色彩关系。

所以设计师常利用色彩、透视、错觉、光影反射等多种手段，对多层次空间的分隔，使人从心理上和情感上产生使大空间变小、小空间变大，或感到开朗，或感到压抑，或感到惊奇，或感到豁然开朗，或感到曲径通幽等。

项目二　公共空间设计中的色彩学

色彩与人类的生活紧密相关，对色彩的辨别是人识别物体、认识世界的重要条件。色彩和室内物体的材料、质地紧密地联系在一起。色彩充满着我们周围的环境，它对人的影响不仅仅反映在视觉方面，也反映在它能对人的视觉、肌体、心理和行为产生重要的作用。色彩对人的情感还有一定的支配作用。

从物理本质来看，色彩是波长不同的光。世间万物呈现出五彩缤纷的色彩是由于物体对色光有吸收或反射的功能。对色彩的辨别是我们识别物体、认识世界的重要条件。例如，人们观察物体时，先引起视觉反应的就是色彩。初看物体的前20秒，人对色彩的关注占注意力的80%左右，而对形状的注意仅占20%左右；2分钟后，对形体的注意可增至40%，而对色彩的注意降至60%；5分钟后，色彩、形状各占注意力的50%。从这些数据中我们看到色彩对于室内环境空间的重要意义。

一、公共空间设计中色彩的功能

色彩可以引起人对物体形状、体积、温度、距离上的感觉变化，色彩也可以使人产生感情的变化。但色彩使人产生怎样的情感不是绝对的，不同的人对色彩有不同的联想，也会引发不同的感情。换言之，不同性别、年龄、职业的人，色彩的心理作用不同；不同的时期、不同的地理位置以及不同的民族、不同的风俗习惯对色彩的爱好也有差异。这些差异往往对室内设计效果有着决定性的影响。

第一，色彩的温度感。太阳光照在身上和靠近火时人们会觉得很暖和，所以人们会感到凡是和阳光、火相近的色彩都会给人以温暖感。同理，当人们看到冰雪、海水、月光等，就有一种寒冷或凉爽的感觉。色彩的温度感与色彩的纯度有关系，暖色的纯度越高越暖；冷色的纯度越高越凉爽；色彩的温度感还与物体表面的光滑程度有关，表面光洁度越高就越给人以凉爽感，而表面越粗糙的物体则越给以温暖感。

第二，色彩的体量感。色彩在感觉上可以使人产生膨胀感和收缩感。因此，可以将颜色分为膨胀色和收缩色。色彩的膨胀及收缩与色彩的明度有关。明度高的膨胀感强，明度低的收缩感强。膨胀与色温也有关系，色温低的色彩有膨胀感，色温高的色彩有收缩感。室内公共空间设计中，经常利用体量感调节空间的体量关系。小的空间用膨胀色，在视觉上增加空间的宽阔感，大的空间用收缩色减少空旷感，体量过大或过重的实体可用明度低的颜色以减少它的体量感。

第三，色彩的空间感。色彩的空间感就是色彩给人感觉上的远近感。根据人们对色彩距离的感受，可以把色彩分为前进色和后退色。前进色是使人们感觉距离缩短的颜色，反之则是距离增加的后退色。暖色基本上可称为前进色，冷色基本上可称为后退色。色彩的距离感还与明度有关，明度高的色彩具有前进感，反之则有后退感。

第四，色彩的表情。如红色最易使人兴奋、激动、喜庆和紧张；橙色很容易使人感到明朗、成熟、甜美和美味；黄色给人以欢快、光明、丰收和喜悦的感觉；蓝色很容易使人联想到忧郁、广大、深沉、悠久、纯洁、冷静和理智；绿色使人联想到健康、生命、和平和宁静；紫色给人以高贵、神秘和压抑的感觉。

第五，色彩的个性。色彩的个性表现为不同的人对色彩的爱好不同。不同年龄层次、不同职业和不同生活背景有不同的色彩心理特征。如成年男性多喜爱青色系列，成年女性则喜爱红色系列。青年人多喜爱青色、绿色，而对黄色则不感兴趣，他们喜爱高纯度的明亮、鲜艳的颜色。低年龄层的人喜欢纯色，厌恶灰色；高年龄层的人喜欢灰色，厌恶纯色。

第六，色彩的地域性。色彩的地域性是指气候条件对室内公共空间色彩的影响。例如，寒冷地区房间的颜色应偏暖些，而炎热地区房间的颜色应偏冷些；潮湿阴雨地区的室内色彩明度应略高一些，日照充足而干燥的地区室内色彩的明度可低一些；朝向好的房间室内色彩可偏冷些，朝向差的房间室内色彩可偏暖些。

第七，色彩的民族性。色彩的民族性指世界各民族对颜色的感情和爱好有明显的差异。例如，中华民族喜欢红、黄和鲜艳的色彩，白、黑、灰色则相对不受欢迎。如故宫金黄色的琉璃瓦（图 2-2）与朱红色的高墙保留着皇族的遗风，也成为民族的象征色。在日本，红色被用于举行成人节和庆祝六十大寿的仪式。日本人喜爱红、白、蓝、橙、黄等色，禁忌黑白相间色、绿色、深灰色。印度人在生活和服装色彩方面喜欢红、黄、蓝、绿、橙色及其他鲜艳的颜色。黑、白色和灰色，被视为消极的、不受欢迎的颜色。新加坡人一般对红、绿、蓝色很欢迎，视紫色、黑色为不吉利，视黑、白、黄为禁忌色。德国人喜欢紫色、绿色、咖啡色，尤对金黄色有偏爱，以色调淡雅为好。在埃及，白底或黑底上的红色、绿色、橙色、浅蓝色、青绿色是理想色。暗淡的颜色，特别是紫色、蓝色不受欢迎。爱尔兰人爱鲜明色彩，"漆枯草"绿色最受欢迎。

图 2-2　故宫金黄色的琉璃瓦

第八，色彩的时间性。色彩的时间性指人们对颜色的感情和爱好会因为时间的变化而有差异。夏朝崇尚青色，商崇尚白色，周崇尚红色，秦崇尚黑色，汉崇尚红色，晋崇尚白色，隋崇尚黑色，唐崇尚红色，宋崇尚青色，元崇尚白色，明崇尚红色，清崇尚黑色，民国崇尚黄色，中华人民共和国崇尚红色。由此可见人们对色彩的喜好也会随时间不同而改变。

二、公共空间设计中色彩的内容

第一，背景色。背景色在公共空间如墙面、地面、顶面占有极大的面积，并起到衬托公共空间中所有物体的作用。因此，背景色是公共空间色彩设计中首要考虑的因素。不同色彩在不同的空间背景上反映的性质、心理知觉和感情截然不同。一种特殊的色相虽然完全适用于地面，但当它用于顶面上时，则可能产生完全不同的效果。

第二，装修色。装修色通常用于门、窗、隔断、风口、墙裙等，它通常和背景色有着紧密的联系，也是公共空间设计总体效果的主体色彩之一。

第三，家具色。家具色通常用于各类不同品种、规格、形式、材质的各种家具，如桌、椅、沙发、服务台、展台等物品的色彩。家具是公共空间设计陈设的主体，是表现室内风格、气氛的重要因素，家具色也和背景色、装修色有着密切的关系。

第四，织物色。织物色包括窗帘、帷幔、台布、地毯、各种家具的蒙面织物。

织物的材料、质感、色彩、图案各不相同，和人的关系更为密切，在室内色彩中起着举足轻重的作用，如不注意可能成为干扰因素。织物有时也可用于背景和重点装饰。

第五，陈设色。陈设色包括灯具、电器、工艺品、绘画雕塑、日用器皿等陈设的色彩，有的体积虽然小，但有时可起到画龙点睛的作用。

第六，绿化色。绿化色包括植物、盆景、花篮、插花和仿真植物的色彩，不同的花卉、植物有着不同的姿态、色彩、情调和含义，和其他色彩容易协调，它们对丰富空间环境、创造空间氛围、加强生活气息、软化空间肌体、增加空间环保有着特殊的作用。

三、公共空间设计中色彩的构成

光是一切物体颜色的唯一来源，它是一种电磁波能量，称为光波。波长为 380～780nm，人可察觉的光称为可见光。光刺激到人的视网膜时形成色觉，通常见到的物体颜色是指物体的反射颜色物体的有色表面反射光的某种波长可能比反射其他的波长要强得多，这个径向最长的波长，通常称为该物体的色彩。

（一）色彩的三属性

色彩具有三种属性，或称为色彩的三要素，即色相、明度和纯度。

色相即每种色彩的相貌，如红、黄、蓝等。通常用色相环来表示。色相是区分色彩的主要依据，是色彩的最大特征。

明度是色彩的明暗程度。通常从黑到白分成若干阶段作为衡量的尺度，接近白色的明度高，接近黑色的明度低。

纯度即各色彩中包含的单种标准色成分的多少。纯色的色感较强，即色度强，所以纯度亦是色彩感觉强弱的标志。不同色相所能达到的纯度是不同的，其中红色纯度最高，绿色纯度相对低些，其他色相居中，同时明度也不相同。

（二）色彩的混合性

第一，原色。色彩中不能再分解的基本色称为原色。几种原色能合成出其他色，而其他色不能合成原色。原色只有三种，色光三原色为红、绿、蓝，颜料三原色为红、黄、青。色光三原色可以合成出所有色彩，同时相加得白色光。颜料三原色从理论上来讲可以调配出其他任何色彩，三色相加得黑色。

第二，间色。由两个原色混合得间色，即橙、绿、紫，也称第二次色。

第三，复色。颜料的两个间色或一种原色和其对应的间色（红与绿、黄与紫、蓝与橙）相混合得复色，也称第二次色；复色中包含了所有的原色成分，只是各原色间的比例不等，从而形成了不同的红灰、黄灰、绿灰等灰调色。

四、公共空间设计中色彩设计及运用

（一）色调的把握

公共空间设计色彩应有主调或基调，冷、暖、性格、气氛都应通过主调来体现。对于规模较大的建筑，主调更应贯穿整个建筑空间，在此基础上再考虑局部的、不同部位的适当变化。主调的选择必须符合空间的主题，如何通过色彩来传达不同的感受，是大气、高端、典雅、华丽，还是安静、活泼、低调、奢华。色调的把握就如同一首乐曲中的主旋律，所以是至关重要的。

（二）色彩的协调

色彩的协调，就是两种以上的颜色相互搭配所产生的和谐。公共空间室内色彩设计的是如何配置色彩，这是公共空间室内色彩设计效果的重点。任何孤立的颜色没有美与不美或高低贵贱之分，只有搭配是否适当。色彩效果取决于不同色彩之间的相互搭配，同一颜色在不同的背景条件下，其色彩效果可以迥然不同，因此如何处理好色彩之间的协调关系，就成为配色的关键。

协调就是一种和谐和秩序，色彩协调有色相协调、彩度协调、明度协调、近似协调、对比协调和综合协调等。色彩的近似协调和对比协调在公共空间设计中都是十分重要的，近似协调固然能给人以统一、平静的感觉，但是过多的近似协调也会造成太平淡的感觉。对比协调在色彩之间的对立、冲突所构成的和谐关系却更能动人心魄，但是过分地运用对比协调会产生凌乱的感觉。事物总有两面性，色彩协调的把握要在一个范围，关键在于正确、适当地处理和运用好色彩的统一与变化规律。

（三）色彩的对比

两种及两种以上的色彩并列相映的效果之间所能看出的不同就是对比。色彩对比有色相对比、明度对比、补色对比、同时对比、面积对比、色度对比和综合对比。色彩对比强烈，在视觉上有跳跃感，在空间上可以形成很强的表现力，在渲染烘托气氛时常用这种处理手法。

色相对比，就是未经掺和的原色，以其最强烈的明亮度来表示。黄、红、蓝是极端的色相对比，这种对比至少需要三种清晰可辨的色相，其效果总是令人感到兴奋。

明度对比就如同白昼与黑夜、光明与黑暗。黑色和白色是最强的明度对比，在它们对比之间有着灰色和彩色的领域。

补色对比，就是色相环上成180°的色彩的对比，就称这两种色为互补色，这样的色彩对比既互相对立，又互相需要。当它们靠近时，能相互促成最大的鲜明性。例如，黄、紫不仅呈现出补色对比，并且表现出极度的明暗对比；红橙、蓝绿是一对互补色，同时也是冷、暖的极度对比；红和绿是互补色，这两种饱和色彩有着相同的明度，补色对比的处理十分强烈。白色墙、茶几、边几与黑色沙发互补；红色坐垫与盆栽的椰树红绿色互补。

同时对比，就是人眼看到任何一种色彩，眼睛都会同时要求它的补色，即使补色没有出现，眼睛都会自动地将它产生出来，如人在盯着红色 30s 后，再将目光投向白色墙面上时，人会在白色墙面上会看到绿色，每种色相都会同时产生它的补色。

面积对比是指两个或更多色块之间多与少、大与小之间的对比。应用面积对比的目的，就是要在两种或多种色彩之间有色量比例的平衡。如果在一幅色彩构图中使用了与和谐比例不同的色域，从而使某种色彩占支配地位，那么取得的效果就会是富于表现性的。一幅富有表现力的构图中的色彩究竟要选择怎样的比例，这需要依据主题、艺术感觉和个人的趣味而定。

色度对比就是在纯度的强烈色彩同稀释的暗淡色彩之间的对比。中性色、黑白灰及金银色的调和，以丰富的变化调性，使室内色彩达到统一与和谐。

（四）色彩在空间中的运用

在色调确定的基础上，以色彩的协调为原则，色彩的变化可以使得空间变得丰富。巧妙地运用色彩的对比和呼应关系，是空间中色彩表现魅力的一种技巧，是一个优秀设计师的重要素养和能力，这些色彩的表现体现在空间中的所有物件上。

由于公共空间设计物件的品种、材料、质地、形式和彼此在空间内层次的多样性和复杂性，公共空间中色彩的设计非常重要。

项目三　公共空间设计中的光环境

光对于人的视觉极为重要，没有光就看不到一切，室内的装饰及陈设、室外的景色都将会黯淡无光。对于公共空间来说有两种光：一种是自然光；另一种是人工光。人工光由于可以人为地加以调节和选用，所以在应用上比自然光更为灵活。公共空间良好的光环境的营造，主要目的是创造功能合理、舒适、美观、安全、健康且符合人的物质和心理需求的室内环境。

一、公共空间设计中室内光环境的营造

光不仅可以满足人们照明的需要，还可以起到构成空间、改变空间、美化空间或破坏空间的作用。光可以直接影响物体的视觉大小、形状、质感和色彩，同时还可以表现和营造室内环境的气氛。

第一，舒适的视觉条件。适当的光线量分布可以产生平衡和韵律的感觉，就像自然光线给人带来平静、舒适的感受一样。这种光线可以使人很容易地适应环境，提供视觉上的舒适性。例如，正常人每天 80% 以上的外界信息是通过视觉器官来接收的。因此，

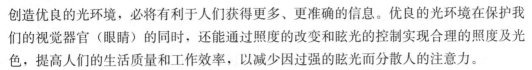

创造优良的光环境，必将有利于人们获得更多、更准确的信息。优良的光环境在保护我们的视觉器官（眼睛）的同时，还能通过照度的改变和眩光的控制实现合理的照度及光色，提高人们的生活质量和工作效率，以减少因过强的眩光而分散人的注意力。

第二，良好的空间氛围。明亮且焦点集中的光线会使人产生中心感和被重视感，可能会使人提高自信，也有可能使人感到不安和不适。因为明亮的光线对人具有刺激性和吸引力，如果过度使用会使人出现心理和生理上产生厌倦感并困扰情绪。晦暗的灯光令人感到松弛、平静、亲密且浪漫，但过暗可能使人感受到抑郁、惊恐或不安。透光的孔洞、窗户、某些构件、陈设、植物等，在特定光线的照射下，能够出现富有魅力的阴影投射到地面、墙面，或组成有韵律的图像，能够丰富空间的层次，烘托氛围，使空间更具活力。室内环境因空间功能性质的不同，审美要求也就不同，而良好的照明设计能烘托出良好的空间氛围和意境。

第三，合理组织空间。灯光可以构成各种虚拟空间。照明方式、灯具类型的不同，可以使不同区域具有相对的独立性，能够成为若干个虚拟空间。还可以在一定程度上改善空间感，如直接照明使空间显得平和、亲切、紧凑，间接照明使空间显得神秘、幽静；暖色灯光使空间具有温暖感，冷色灯光使空间具有凉爽感。另外，灯光还能起到导向作用，通过灯光的设置，把人们的注意力引向既定的目标或既定的路线上，照明的良好设计就能合理地组织空间。

第四，体现地域特色。不同国家、不同地域、不同时期的灯具都有各自的特点。因此，通过灯具的具体形状，还可以具体地体现出室内环境的民族性、地域性和时代性。如中国的宫灯具、欧洲古典枝形吊灯等都是体现地域特色的元素。

第五，塑造立体感。用灯光来塑造立体感，在橱窗、商业、展览等展示场合用得较多。巧妙地、合理地利用阴影，表现立体感，使展品更富魅力、更具吸引力。

第六，表现质感。合理地搭配灯光可表现不同材质物体所具有的不同质感。如金属及玻璃制品、宝石、各种肌理的墙布、室内织物、木制品以及陶瓷制品等。

二、公共空间设计中的人工照明

灯具是室内环境中人工照明主要使用的设备，除了有使用价值外，也有重要的装饰价值，更重要的是能影响人的心理感受。灯具既是人工照明的必需品，又是创造优美的室内环境所不可缺少的设备。人们在工作、学习、休息、娱乐等各种环境中，照明灯具的类型各式各样，对光、色、形、质的要求也是各有不同。随着新技术、新材料的日新月异，现代化的灯具千变万化、花色繁多。

（一）照明设计的认知

第一，照度。照度是指物体被照亮的程度，是根据单位面积上所接受的光通量，反映被照物的照明水平，单位为勒克斯（lx）。照度水平一般作为照明质量最基本的技术指标之一。

第二，亮度。亮度是人对光强度的感受，是一种主观评价和感受。亮度指的是发光体（反光体）表面发光（反光）单位面积上的发光（反光）强度，反映光源或物体的明亮程度。室内的亮度分布是由照度分布和表面反射率所决定的。

第三，光色。光色是指光的颜色，可用色温（单位：K）来描述。光色能够影响环境的气氛，如含红光较多的"暖"色光（低色温）能使环境有温暖感；含"冷"色光较多的（高色温）环境，能使人感到凉爽等。正常状况下选择光源的色温时，应该照度高时，色温也要高；照度低时，色温也要低。否则，照度高而色温低，会使人感到闷热。

第四，显色性。显色性是指光源对物体颜色的表现程度，同时也描述了照明光对于所照射物体或环境色彩的影响。显色性通常通过显色指数（R_a）来表示。显色指数的最大值为100，数值越高，表示光源的显色性越好。在常用的光源中，白炽灯的显色指数约为97，白色荧光灯的显色指数为55～85，而日光色荧光灯的显色指数为75～94。

第五，发光效率。发光效率是指光源将电能转化为可见光的能力。简而言之，它反映了光源能够有效地将电能转化为光能的效率。这一概念关注的是光源产生光的效能，即在给定的电能输入下，光源能够产生多少可见光能量。发光效率通常以光瓦（lm/W）来表示，表示每瓦特电能转化为多少流明的光输出。高发光效率的光源能够在消耗较少的电能情况下产生更多的可见光，这对于能源效率和环保非常重要。光源的发光效率不仅影响到照明设备的能源消耗，还直接影响到照明系统的性能和亮度。因此，在选择光源时，考虑其发光效率可以帮助优化能源利用，降低能源成本，并减少对环境的影响。发光效率还与光源的类型和技术有关。例如，LED（发光二极管）作为一种高效光源，通常具有较高的发光效率，能够以较低的能量消耗产生相对较高的光输出。相比之下，传统的白炽灯在发光效率方面相对较低，因为它们将大部分电能转化为热能而不是可见光。

（二）光源的形式

第一，白炽灯。白炽灯①色温较低，光色偏暖，色光最接近于太阳光色，易被人们接受。它的优点是体积小、价格便宜、功率规格多、亮度可控，可用多种灯罩加以装饰，并可采用定向、散射、漫射等方式。白炽灯的主要缺点是发光效率低、寿命短、电能消耗大、产生热量大、维护费用高。

第二，荧光灯。荧光灯又称低压水银荧光灯，属一种低压放电灯，是利用荧光粉受紫外线激发而发光。荧光灯的光色有自然光色、白色和温白色三种。荧光灯发光效率高，其寿命为白炽灯的10～15倍，光线柔和，发热量较少。其缺点是光色偏冷，体积较大，容易使景物显得单调、呆板、缺乏层次和立体感。

第三，氖管灯（霓虹灯）。霓虹灯又称氖管灯，多用于商业照明和艺术照明。霓虹灯的色彩变化是由管内的荧粉涂层和充满管内的各种混合惰性气体引起的，霓虹灯需要

---

① 白炽灯即常说的灯泡，是钨丝通电加热到白炽状态，通过热辐射而发光的。

用镇流器控制电压，耗电量大，但寿命较长。

（三）灯具的形式

第一，吊灯。吊灯是一种悬挂式照明灯具，通常使用吊线或导管将光源固定在天花板上。这种灯具占据一定的空间高度，因此常用于较高的室内空间中。吊灯的安装位置通常在室内上方，它具备普遍照明的能力，能够将光线均匀地照射到地面、墙面以及天花板上。相比其他灯具，吊灯的体积较大，多用于提供整体照明，但也有一些吊灯适用于局部照明。由于吊灯通常被安装在室内空间的中心位置，容易引起注意。其独特的设计和装饰性质，使得吊灯不仅具有照明功能，还具有强烈的装饰效果。因此，吊灯的造型和艺术形式在某种程度上决定了整个空间环境的艺术风格。

第二，吸顶灯。吸顶灯是直接吸附在天花板上的一种灯具，常用于高度较小的空间照明。吸顶灯光源包括带罩和不带罩的白炽灯以及有罩无罩的荧光灯；灯罩的形式多种多样，有方、圆、长方，有凸出于天花板外的凸出形，也有嵌入到天花板内的嵌入型等多种。吸顶灯在使用功能及特性上与吊灯基本相同，只是形式上有所区别。吸顶灯具有广谱照明性，可供一般照明使用。

第三，壁灯。壁灯是安装在墙壁上的灯具，分贴壁灯和悬壁灯。如在室内局部其他灯具无法满足照明需要时，使用壁灯是不错的选择。壁灯也具有极强的装饰性，不仅通过灯具自身的造型产生装饰作用，其所发出的光线也可以起到装饰作用。与其他照明灯具配合使用，可以起到补充照明、丰富室内光环境、增强空间层次感、营造特殊的氛围的作用。壁灯造型多样、千姿百态，可任意选配。

第四，台灯。台灯是放在家具上的有座灯具，常放在书桌、茶几、床头柜上。台灯属于局部照明的灯具，主要作为功能性照明，往往兼具装饰性。台灯在多数情况下是可以移动的，同时还可以兼作气氛照明或一般照明的补充照明。

第五，立灯。立灯也称落地灯，一般是以某种支撑物来支撑光源，从而形成统一的整体，可以放在地上，也可根据需要而移动。立灯属于局部照明，多数立灯可以调节自身的高度和投光角度，投光方向和范围易于控制，立灯常放在沙发边。立灯的式样有直杆式、抛物线式、摇臂式、杠杆式等。立灯在一般情况下主要作为功能性照明和补充照明使用，兼具装饰性。

第六，镶嵌灯。镶嵌灯是镶嵌在天花板上或有装饰造型的灯具，其下表面与天花板的下表面基本相平，如筒灯、牛眼灯等镶嵌灯不占空间高度，属于局部、定向式照明灯具。镶嵌灯光线较集中、明暗对比强烈、主题突出。嵌入式灯具的优点是与天花板或装饰整体统一、完美结合，不会破坏吊顶艺术设计的完美统一。嵌入式灯具的光源嵌入天花板或饰内部而不外露，所以不易产生眩光。

第七，投光灯。投光灯是能够把灯光集中照射到被照物体上的灯具，属于局部照明。投光灯一般分为固定灯座的投光灯、有轨道的投光灯。投光灯可以凸显被照物，强调它们的质感和颜色，增加环境的层次感和丰富性。投光灯光线较集中，明暗对比强烈,一方面被照物体更加突出、引人注意;另一方面未照射区域能得到相对安静的环境气氛。

第八,特种灯具。特种灯具是有各种专门用途的照明灯具,可分为观演类专用灯具和娱乐观演类专用灯具。专用灯具一般用于大型会议室、报告厅、剧场等,如专用于耳光、面光、台口灯光等布光用聚光灯、散光灯(或泛光灯),舞台上做艺术造型用的回光灯、追光灯,舞台天幕的泛光灯,台唇处的脚光灯,制造天幕大幅背景的投影幻灯等。特种灯具一般用作舞厅、卡拉 OK 厅或文艺晚会演出专用的转灯(单头或多头)、光束灯、流星灯等。

第九,实用性灯具。实用性灯具有较强的实用性,如衣柜灯、浴厕灯、镜前灯、标志灯等。

(四)照明的方式

第一,一般照明。一般照明也叫整体照明,是指大空间全面的、基本的照明,特点是光线分布均匀,使空间场所显得宽敞明亮。一般照明是最基本的照明方式,一般选用比较均匀的、全面的照明灯具。

第二,局部照明。局部照明也叫重点照明,是专门为某个局部设置的照明。对主要场所和对象进行重点投光,光线相对集中,还能形成一定的气氛。局部照明亮度与周围空间的基本照明相配合;常使用方向性强的灯并利用色光来加强被照射物表面的光泽、立体感和质感,其亮度是基本照明的数倍。

第三,混合照明。一般照明和局部照明相结合就形成混合照明。混合照明在一般照明的基础上,为需要提供更多光照的区域或景物增设来强调的照明;混合照明应用广泛。

第四,装饰照明。装饰照明是以装饰为目的的照明,其主要目的不是提供照明,而是增加环境的装饰性、增强空间层次、制造环境气氛。装饰照明可选用装饰吊灯、壁灯、挂灯,也可以选用 LED(发光二极管)灯、霓虹灯等,能够组成多种图案、显示多种颜色,甚至能够闪烁和跳动。使用装饰灯具时应注意效果,设置要繁华而不杂乱,并能渲染室内环境气氛,以更好地表现具有强烈个性的空间艺术。

第五,标志照明。标志照明主要目的不是提供照度,而是为使用者提供方便,具有明显指示或提示作用的灯具。标志照明一般常用于大型公共空间中。常在出入口、电梯口、疏散通道、观众座席以及问询、寄存、餐饮、医疗、洗手间等处设置灯箱,用通用的图例和文字表示方向或功能的灯箱就属标志照明。另外,对人们的行为有特殊要求的,如禁止吸烟、禁止通行、禁止触摸等提示灯箱,也属于标志照明。标志照明应该醒目、美观,还要尽可能使用通用的文字、图案和颜色。

第六,安全照明。安全照明是一种用于光线较暗区域的照明,目的是以微弱的光线在不刺激使用者眼睛的情况下提供一定提示。如电影院放映厅走道区域的地脚灯、宾馆客房走廊靠近踢脚的地脚灯等。

第七，应急照明。应急照明是在正常照明电源中断时临时启动的照明，主要用于商店、影院、剧场、医院、展馆等公共空间中的疏散通道及楼梯等。

（五）灯具的散光方式

第一，直接照明。直接照明的特点是全部或90％以上的灯光直接照射被照物体。其优点是光的工作效率很高，亮度高、立体感强，常用于公共大厅或局部照明。灯具下端开口的吸顶灯、吊灯、筒灯和台灯等皆属于这种类型。

第二，间接照明。间接照明是因光源遮蔽而产生的照明方式，先照到墙面或天花板，再反射到被照物体上。间接照明通常和其他照明方式配合使用可取得特殊的艺术效果，其优点是光线柔和，没有明显的阴影，常用于暗设的灯槽。灯具上端开口的壁灯、落地灯和吊灯等都属于间接照明。

第三，漫射照明。漫射照明是利用灯具的折射功能来控制光线的眩光，将光线向四周扩散漫射。其特点是射到各个方向的灯光大体相等，光线柔和、视觉舒适，半透明的球形玻璃灯属于这类。灯具采用乳白散光球罩的吸顶灯、吊灯和台灯等皆属于这种类型。

第四，半直接照明。半直接照明特点是60％～90％的灯光直接照射被照物。灯具光源下方是用半透明的玻璃、塑料、纸等做成灯罩。光线又经半透明灯罩扩散而漫射，其光线比较柔和，剩余的光通过反射作用于被照射物体上。半直接的照明方式在满足照度的同时，也能使周围空间得到照明。光环境明暗对比不是很强烈，但主次分明，总体环境是柔和的。灯具灯罩上端开口较小而下端开口较大的吊灯和台灯等皆属于这种类型。

第五，半间接照明。半间接照明的特点与半直接照明相反，半透明的灯罩在光源的下部，即60％～90％的灯光首先照射在墙面或天花板上，只有不到50％的光直接照射在被照物体上。半间接照明能产生比较特殊的照明效果，对较低矮的房间有增高的感觉。灯罩上端开口较大而下端开口较小的壁灯、吊灯以及檐板采光等即属于这种类型。

三、公共空间设计中自然光环境的营造

光不仅给予我们生机，同时为我们创造了五彩的世界。人类最早赖以生存的环境光源只有自然光。早上当太阳升起时，人们依靠太阳这个自然光源就可以满足光照的需求。在不同的光源色的影响下，室内陈设物所反映出的色彩是不同的。人工光源为我们塑造不同的室内氛围提供了很好、很便利的手段。但是自然光作为一个重要的光源，随时间的变化而变化，如果对自然光线运用得当，就可以使整个室内空间的氛围达到满意的效果，很多建筑大师都不乏这种传世名作。

（一）自然光环境营造的作用

自然光在室内可以营造出一个光环境，满足人们视觉的需要。从装饰角度讲，自然

光除了可以满足采光功能之外，还要满足美观和艺术上的要求，这两方面是相辅相成的。

第一，界定空间。在公共空间中，界定空间的方法多种多样，自然光可以作为界定空间的方式之一。在不同的时间、不同的区域中自然光线具有一定的独立性，可达到构建虚拟空间的目的。

第二，改善空间感。自然光线的强弱与色彩等的不同均可以明显地影响人们的空间感。例如，当日照充足的中午，自然光线直射时，由于较亮，较为耀眼，给人以明亮、紧凑感。自然光线的不足是光线照射墙面之后再反射回来，会使空间显得较为宽广。自然光线会给室内增添不同于人工光线的感觉，柔和的自然光线会给人安静、温暖的氛围。在较低的空间中，自然光线的引入，会使空间有高耸感。在空荡、恬静的空间中，自然光线的引入，光影的变幻会使空间更加灵动与活泼。自然光线在不同时间、不同角度的照射会给人以不同的空间感。

第三，烘托环境气氛。将自然光线适当引入公共空间，不仅能起到节约能源、绿色环保的作用，还能使各个界面上照度均匀，光线射向适当，无眩光阴影，方便、安全，光线不造作、美观，与建筑协调。利用自然光的变化及分布来创造各种视觉环境，可以加强室内空间的氛围；利用自然的光与影可以创造出一个完整的艺术作品，产生特殊的格调并加深层次感，使室内气氛宁静而不喧闹。

（二）自然光环境营造的方法

自然光线给人的视觉印象来自空间光和影的分布。任何物体的形状显示和主体感都取决于光照条件。不同的建筑构图，多元化的建筑风格，必然对照明空间光线分布的选择产生不同的影响。与建筑室内空间形式相一致的自然光设计布置方式，更能突出建筑空间的深度与层次，加深建筑空间给人的感受。如餐厅、咖啡厅等室内空间的自然光环境亮度应适当降低，这是因为考虑到人们心理上的需要。高亮度使人兴奋和活跃，低亮度使人感到轻松和惬意。因此对自然光线的使用，合理的亮度及其分布应视其类别而定。自助餐厅或快餐店，自然光环境设计应考虑较高的自然光亮度，使人们将注意力集中在餐桌上，以达到快速服务和快速翻桌的目的。一般可在快餐厅采用落地玻璃，在视觉上形成一个适宜的自然背景，且又能引入自然的光线，使整个空间悦目，使室内外环境融为一体，达到扩大室内空间的效果的目的。

第一，视不同的活动或工作需要，对自然光环境照度应合理配置，以创造良好的视觉生理环境。

第二，避免眩光、强光和相差悬殊的亮度比，防止视觉疲劳和不良的视觉心理效果。

第三，自然光环境要能反映出室内结构的轮廓、空间层次和室内家具及装饰物的立体感。

第四，利用自然光环境形成特殊的装饰风格，展现织物或建筑材料的表面纹理，表

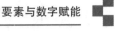

现出室内装饰和室内色彩的美感。

项目四　公共空间设计与人体工程学

人体工程学，又称人类工效学、人间工学或人体效能学，是一门综合性科学，涵盖解剖学、生理学、心理学等多个领域，研究人在特定工作环境中的各种因素。它关注于"人—机—环境"系统中人与机器、环境三大要素之间的相互关系，以及如何使人在这个系统中发挥最佳效能。同时，人体工程学关注人的健康问题，并提供相关的理论数据和实施方法。人体工程学将这些原理应用到环境和艺术设计中，其核心思想是以人为中心，运用人体测量、生理学、心理学等手段，研究人体结构、功能、心理和力学等方面与室内环境之间的协调关系。这种协调关系旨在确保人在室内环境中能够安全、高效、舒适地工作和生活。人体工程学的目标是优化室内环境，使其适应人类活动的需求，以获得最佳的使用效能。

公共空间设计与人体工程学之间存在着密切的关联。人体工程学在公共空间设计中起着至关重要的作用，可以确保公共空间能够满足人们的各种需求，使人们在其中获得舒适、安全和高效的体验。以下将探讨公共空间设计与人体工程学之间的关系。

一、人性化设计

人性化设计在公共空间设计中与人体工程学密切相关，因为人体工程学关注人体的解剖学、生理学和心理学等方面，这些因素对于公共空间的设计至关重要。通过将人体工程学的原则应用到设计中，设计师可以创造出更加人性化和适用性更强的公共空间，满足不同人群的需求，提供更好的体验。

在公共空间设计中，考虑人体工程学的因素可以帮助设计师确定合适的座椅高度、桌面高度、通道宽度等。例如，为了确保不同身高的人都能够舒适地使用座椅，设计师可以根据人体尺寸的平均值来确定座椅的高度，以便人们能够坐得舒适。此外，通道宽度的设计也应考虑人们的活动范围，以确保人们在空间中能够自由行动，不受限制。

人性化设计还包括考虑人们的心理需求。例如，在公共空间中设置舒适的休息区域、绿植装饰等，可以为人们提供放松和休息的场所，缓解压力和焦虑。此外，在公共空间的布局中还应考虑视觉和声音的因素，以创造出更加愉悦和宜人的环境。

二、舒适性

在公共空间设计中，舒适性与人体工程学密切相关。人体工程学强调人体的舒适性，而公共空间设计的根本宗旨就是创造一个让人们感到舒适的环境。在设计过程中，需要从座椅的设计到空间的布局，综合考虑多种因素，以确保人们在空间中能够享受到舒适的体验。

空间的布局也对舒适性产生影响。通道的宽度和走廊的设计都应该使人们能够自由行动，避免拥挤和不便。休息区域的位置和设施的选择，如舒适的座椅、放松的氛围和合适的照明，都可以增加空间的舒适性，让人们在其中放松身心。

人体工程学还可以指导照明和温度的设置。适当的照明可以创造出温馨和宜人的氛围，而合适的温度控制可以使人们获得最佳体感。

三、通行流畅性

人体工程学在公共空间设计中的应用，有助于确保通行的流畅性，使人们在空间中能够便利地移动。合理的通道宽度、出入口位置、楼梯和扶手的设计，都可以根据人体工程学的原则来规划，从而创造出更加舒适的公共空间。

通行流畅性的考虑涉及不同类型的公共空间，如走廊、门厅、大厅等。在设计通道和门口时，人体工程学的原则可以帮助设计师确定适当的宽度，以容纳人们的通行。出入口的位置也需要根据人们的行动路径和流量来决定，以避免拥堵和阻塞。

楼梯和扶手的设计也是通行流畅的重要方面。合理的楼梯坡度和踏步高度可以使人们在上下楼梯时更加舒适。同时，稳固的扶手和易于抓握的设计可以提供支撑，确保人们在楼梯上的安全。

四、无障碍设计

无障碍设计在公共空间中的应用与人体工程学紧密相关。人体工程学可以指导无障碍设计，以确保公共空间对于所有人群都是开放、包容和友好的。考虑到老年人、残疾人等特殊需求，无障碍设计可以通过人体工程学的指导，创造出适用于所有人的无障碍设施。

无障碍通道是无障碍设计的关键部分之一。根据人体工程学的原则，确定通道的宽度、坡度和交叉口的设计，可以确保轮椅使用者、行动不便者以及其他特殊群体能够方便地在空间中移动。坡道的设计应该符合人们的步伐和轮椅的需求，以确保顺畅而安全地通行。

电梯的设计也需要考虑无障碍因素。设计师可以根据人体工程学设计电梯的按钮高度、开关操作等，以便所有人都能够轻松使用电梯。合适的楼层标识和声音提示可以提供更好的导航和使用体验。此外，无障碍厕所、无障碍停车位等设施也可以根据人体工程学的原则来设计。无障碍设计不仅是为了满足特殊人群的需求，也可以使公共空间更加开放和适用于所有人。

五、照明和视觉设计

照明和视觉设计在公共空间中扮演着重要角色，与人体工程学密切相关。人体工程学的指导思想可以指导公共空间的照明和视觉设计，以确保人们在空间中获得舒适的体验。

照明强度是照明设计中的一个关键因素。根据人体工程学的原则，选择适当的照明强度可以创造出舒适的环境，既不会造成视觉疲劳，也不会造成视觉障碍。在公共空间中，不同区域可能需要不同的照明强度，以适应不同活动的需要。

避免眩光也是重要的考虑因素。人体工程学可以指导照明设备的布置，以减少或消除眩光。通过合适的照明装置位置和遮挡的设计，可以有效地减少眩光对人们视觉的影响，提供更加舒适的照明环境。

对比度的控制也是视觉设计的重要方面。人体工程学的原则可以帮助设计师选择适当的颜色和材料，以确保良好的对比度，从而使人们能够清晰地看到环境中的物体和信息。这对于视觉障碍人士尤为重要，也有助于所有人获得更好的视觉体验。

六、互动性

互动性在公共空间设计中与人体工程学密切相关。人体工程学的原则可以指导公共空间中互动元素的设计，以确保人们能够方便、高效地与这些元素进行互动。无论是触摸屏、信息亭还是座椅布局，都可以根据人体工程学的原则来规划，以提供更好的用户体验。

触摸屏和信息亭的位置和高度是互动性设计的重要方面。通过考虑人体的自然动作和姿势，可以确定合适的触摸屏高度，使人们不需要过度调整身体姿态。信息亭的设计应考虑人们站立的位置和视线的角度，以便他们能够轻松地阅读信息。

座椅布局也可以增强公共空间的互动性。合理的座椅布置可以鼓励人们进行交流和互动，创造社交的氛围。例如，设计师可以将座椅布置成小组形式，促进人们的对话和合作。此外，人体工程学可以引导交互元素的可访问性。无论是轮椅使用者还是身高较矮的人，交互元素都应该便于到达和使用。设计师可以根据人体尺寸的多样性，确保交互元素对所有人群都是友好和可达的。

项目五　公共空间设计的数字赋能

一、数字赋能概述

数字赋能是指利用数字化技术为个体、组织和社会提供工具和资源，以增强其能力、效率和影响力的过程。在公共空间设计中，数字赋能扮演着重要角色，通过将数字技术融入设计中，创造出更智能、可持续、互动和个性化的空间。

数字赋能在公共空间设计中的体现包括多个方面，这些方面在现代社会中不仅在概念上是有意义的，在实际应用中也具有深远的影响。随着科技的不断发展，数字化技术已经成为公共空间设计中的强大助力，为我们创造更具吸引力、智能化和个性化的社会环境。以下将深入探讨这些方面，并阐述数字赋能如何在公共空间设计中得到体现。

第一，智能化管理。通过利用传感器、数据分析和自动化技术，公共空间可以实现更智能化的管理。例如，智能照明系统（图 2-3）可以根据光线条件自动调节亮度，不仅为用户提供更好的照明体验，还能够节约能源。此外，数字化的安全监控系统可以监测公共空间中的安全状况，及时发现并解决问题，从而提高用户的安全感。

图 2-3　智能照明系统

第二，个性化体验。现代社会强调个性化，数字技术可以根据用户的需求和喜好，为他们提供个性化的体验。通过移动应用程序，用户可以随时获取有关公共空间的信息、活动和服务。例如，用户可以查看公共场所的实时活动信息，了解最新的展览、演出和娱乐活动。这样的个性化体验可以更好地满足用户的期望，提升用户对公共空间的参与度和满意度。

第三，互动与参与。数字技术可以促进公共空间中的互动和参与，使人们更积极地参与空间互动。社交媒体平台为人们提供了分享空间体验、参与讨论和活动的机会。人们可以通过社交媒体发布照片、评论和想法，与他人分享他们的体验，从而加强社会联系。此外，数字化互动装置也可以创造出有趣的互动体验，吸引人们在空间中积极参与，增强他们的参与感和归属感。

第四，信息传达和教育。数字技术可以在公共空间中传达信息和提供教育。数字显示屏可以展示实时信息、艺术作品、公共服务等，为用户提供有价值的信息和知识。例如，一个公共广场上的数字显示屏可以向人们展示即将举行的文化活动，提供交通信息，甚至可以展示环保意识的宣传内容。这种信息传达和教育方式不仅为用户提供了便利，还能够增强人们的社会意识和知识水平。

第五，可持续性和效率。数字技术可以提高公共空间的可持续性，减少资源浪费。智能能源管理系统可以监测和优化能源消耗，确保能源的有效利用。此外，数字化的垃圾管理系统可以有效地收集和处理垃圾，减少对环境的影响。通过这些技术手段，公共空间可以更好地实现可持续发展的目标，为未来创造更好的生活环境。

第六，参与式规划。现代社会注重民主和综合的规划过程，数字化工具可以为公众参与公共空间规划和设计提供平台。通过在线调查、社交媒体和虚拟现实技术，人们可以更好地表达他们的意见和需求。这种参与式规划可以更好地反映社会的多样性和复杂性，确保规划结果更加符合人们的期望和需求。

综上所述，数字赋能在公共空间设计中发挥着重要作用。通过智能化管理、个性化体验、互动参与、信息传达和教育、可持续性以及参与式规划等方面的应用，数字技术为公共空间创造出更具吸引力、互动性和智能化的特点，提升了空间的功能性和用户体验。在数字化时代，公共空间设计将更加注重创新，致力于为人们提供更好的社会环境。因此，数字赋能不仅是公共空间设计的一种趋势，更是推动社会进步的重要力量。

二、数字智能技术赋能下公共空间交互设计的内容

（一）公共空间交互设计的艺术特征

"交互技术属于数字智能技术的一种，结合艺术表现之后可形成新的艺术形式。"[1]公共空间交互设计基本包含艺术与数字两个范畴。技术是推动时代发展的主要力量，新技术的产生和应用，促使我们从不同的视角去观察熟悉的世界，从而产生革新世界的想法，同时又因技术的革新，充满艺术性的新理念得以实现。在数字时代，交互设计的应用对传统艺术具有技术性改革的可能，也使得技术越来越艺术化，艺术越来越科技化，作为手段和工具的数字智能技术进化为数字艺术，更新艺术的内容和形式，为人们带来极具时代特色的感官享受。

公共空间的交互设计具有艺术性、技术性、互动性和虚拟性四个特点。其中，技术性是艺术创作的创新突破口。早先，交互设计注重产品与人的关系的优化，注重满足用户的使用期望，关注用户的体验，后来这一理念延伸到空间设计中，主要体现在人与空间中各种设备的互动之中。

创作者在技术及平台的支持下，可以进行更大胆的艺术表现，交互设计可使受众从静态、近距离的观看模式转变为实时互动、直接参与的模式，以确保使受众和设计者就艺术表现理念达成共识性认知。

开展公共空间的交互设计，需要了解技术生成的方式。公共空间的交互设计需要对数字智能技术进行精心筛选和合理运用，结合空间互动类型，明确交互设计中的主要要素，主要是使用者、媒介和其他要素。交互设计在公共空间中的应用，其技术部分主要体现在媒介上。交互设计可以将图形、图像等以数字化的方式表达，其中，先进行数据转换，形成数据表格，而后利用可视化结构进行视图转换并应用于用户界面，最终形成

---

① 赵幸辉. 数字智能技术赋能下公共空间的交互设计研究［J］. 美与时代（城市版），2023（6）：77.

用户可视并理解的图形图像。

（二）公共空间交互设计的表现方式

公共空间设计主要是通过设计向受众展示特定形态的物体或者事件，具有非常明确的边界意识。数字智能技术的应用，在展示效果上易于"模糊展品与受众及各种既定事物之间的边界"，可使身在其中的受众自由地感受和理解。同时，空间由传统的物理性转向多维性和虚拟性，信息传达的方式和内容表现也更加多元。模糊边界的表达方式有利于设计者研究和分析受众的需求，并通过不同形式的表达来掌握和引导受众的审美。

例如，一般而言，公共空间包括顶、地、墙组成的六大界面，其中，地面与人有非常紧密的关系，是人直接接触的界面。因此，可将数字智能技术应用于公共空间中的地面，发挥其独有的界面优势，同时借助红外感应系统、互动采集系统、雷达交互系统、投影设备、远程控制技术等，使地面可以随着受众的脚步产生相应的虚幻互动场景。其内容丰富多样，可确保受众通过身体动作与图像进行互动，互动的效果可根据地面的面积及形状进行定制，易于搭建和表现。

（三）公共空间交互设计的影响行为

从公共空间设计的核心关注点来看，传统公共空间设计以物为主，而交互性的公共空间转变为以人为主。例如，斯科特·贝德伯里（Scott Bedbury）在其著作《新品牌世界》（*A New Brand World*）一书中提到，相关性、简单性、人性，而非科技，能使品牌与众不同。由此观点可以看出公共空间交互设计的重心主要集中在人，设计效果则是通过数字智能技术完成和实现艺术表现的最终形式。

公共空间交互设计可在空间中展示数字智能技术的科技美、时空交换的无界感、多维传播的技艺融合，同时公共空间的功能也由单一发展到更加开放和多元。当下，借助全息互动投影、多点触摸互动墙面、5D 动感等技术，可实现人与机器、界面的对话，实现信息交换及演示，使公共空间设计获得了更多的可能性。当然，技术也赋予了公共空间更多的体验价值，设计师可借助技术落实更多的空间设计理念，通过技术创造相对真实的体验。技术支持下，体验者能够获得从未有过的体验感，同时将受众的交互体验诉求推到极致，高效体现出建筑师费兰克·奥本海姆（Frank Oppenheimer）"好玩，值得体验"的理念。

交互设计关注体验，体验具有框架，框架成为评价互动效果的重要标准，同时可以让设计者和受众在框架或者评判系统里具有灵活变动的可能。而设计人员需要更多关注体验空间是否可以适应大多数参与者，产生行为引导，起到影响行为的作用。数字智能技术可让受众与空间之间产生连接，这种关系在空间交互中应该是一种持续性的参与关系。公共空间交互设计要想再次或者长期吸引客户，就需要给参与者留下正面、积极、让人觉得物有所值的体验感。有效方法是从生活中寻找情感体验，从而激发用户的情感共鸣，基于这一点从而实现有效的互动。以苹果公司零售商店的设计为例，其注重将销售空间打造成可让用户亲身体验的空间，注重人在空间中的互动，削弱空间的商业性特点，目的是通过店内良好的空间体验带动产品销售。在这里，空间交互体验起着非常重要的引导作用，因为值得，所以尝试，从而产生行为上的趋向性。

思政园地

中国的先哲对事物成功因素就进行了精妙的概括，上乘天时，下接地利，中应人和。想要创新设计出伟大的作品我们也要顺应这种哲学思想。在设计过程中"因时制宜、因地制宜、因人制宜"。

首先在"去风格化"设计大行其道的今天，千篇一律的标准化设计必然被个性化需求所淘汰。那么在设计过程中就要充分融合上述哲学思想。首先审视项目的前世今生、来龙去脉，找到设计目标时代的潮流以及背后的趋势，挖掘底层真正的驱动力量，在设计中以多种手法表达建筑本质的时代意义，才能设计出影响时代的建筑。同时要贴合时代的需求开始设计。例如随着智能科技的发展，一些公共空间设计将智能化设施融入其中，以提供便捷和智能化的体验。卡塔尔梅西尔球场作为2022年卡塔尔世界杯的比赛场馆，不仅在球场本身的智能化方面有所突破，还将智能化应用于公共空间，提供了更好的体验和便利。为了确保观众的安全，梅西尔球场采用智能安保系统和当时最先进监控技术。这包括视频监控、人脸识别、智能入场系统和实时预警系统等，以提升安全性和安保响应能力。梅西尔球场提供高速稳定的 Wi-Fi 网络覆盖，以方便观众获取实时比赛信息、社交互动和分享体验。此外，球场还会提供移动应用程序，为观众提供门票购买、导览、食品订购和其他便捷服务。梅西尔球场还非常注重可持续发展和环境友好。采用节能照明系统、太阳能电力和水资源管理等智能化措施，以减少能源消耗和环境影响。

其次，橘生淮南则为橘，生于淮北则为枳。建筑差异是地域文化差异的直观表达。北京的四合院、徽州的民居、上海的弄堂、西南的地坑式民居都是因地制宜思想下我国先民的智慧表达。新加坡滨海湾花园（Gardens by the Bay）也很好地利用了这一智慧。滨海湾花园位于海岸地区，设计师利用了滨海地区的地理条件。其中滨海湾花园中最显著的设计元素之一，就是"超级树"，它们高耸入云，形状独特，上面种植着各种植物。这个设计灵感来源于自然界的大树，同时也适应了滨海湾区域的狭小空间。超级树利用垂直空间，最大限度地提供了绿化区域，并创造了一个独特的景观。除了悬挂花园，滨海湾花园还设计了垂直森林塔，这些倒置的花园塔结构以非常小的占地面积提供了大量的绿化空间。垂直森林塔利用了新加坡的高层建筑特点，将垂直空间最大化，为城市提供了更多的绿化空间和生态系统。滨海湾花园还建立了一个雨林气候园，通过建造高温高湿的热带气候区域来展示世界各地的植物和生态系统。这个设计因地制宜地利用了新加坡的热带气候，可以提供适宜的条件供热带植物生长，并提供了一个模拟雨林环境的参观体验。滨海湾花园的因地制宜设计，充分利用了滨海湾地区的限制条件，并创造了一个独特、美丽而生态友好的公共空间。它不仅成为了新加坡的地标之一，也成为了全球城市公共空间设计的典范。

最后，设计是一种人与自然、建筑之间的互动，因此建筑本身就是一种因地制宜的产物。建筑是服务于人的产物，因此一切设计都应以人为本。以不同层次客户需求、能力和行为方式为出发点。例如广州"白云湖畔"老年公寓为方便老年人出入和活动，老年活动中心设有无障碍通道、无障碍电梯和宽敞的门厅。这些设施提供了轮椅可达、步行便利的环境，方便行动不便的老年人自如地进入和移动。老年活动中心使用清晰的导向和标识系统，为老年人提供易于识别线路和导航的环境。这有助于他们更容易找到活动室、洗手间、休息区等所需的场所。

模块三

公共空间景观设计与数字化表现

项目一　公共空间景观的组成构建

一、公共空间景观的硬性组成构建

"硬性组成构建是指公共空间中能被人们直观感知到的景观形象的物质实体，它属于公共空间的表层结构。"[①] 作为一种功能场所的联系纽带，硬性组成构建对空间起着界定、分隔、秩序化、行为导向的作用。

二、公共空间景观的软性组成构建

公共空间构成要素中所涉及的人、社会、文化要素，都包含在景观的软性组成构建之中。软性组成建构不同于硬性组成构建的可视性，它依据人的认识和感知而获得，以具象的硬性组成构建为承载，将政治、经济、文化、生活、信仰、人、物之间的各种关系，潜在、无形地反映在人的头脑中，以此形成心理上的暗示、启发、感召和警示。

软性景观构建彰显的是一种深层的城市内涵，它更多满足的是民众的精神需求，同时这又是社会稳定的积极要素。公共空间景观的软性组成构建是以一种内聚的力量来体现城市的文化价值，这也是城市特色和魅力得以形成的要因所在。

随着城市化建设进程，设计者们对城市景观软性建构越发重视，民众的认知也随之从公共空间表层结构的物质属性提升到场所精神的层面，并且在这种精神体验下，形成对公共空间景象的感知与共鸣（图 3-1）。

---

① 李楠，沈海泳. 公共空间设计［M］. 镇江：江苏大学出版社，2019.

图 3-1 建筑与景观的软性结合

人们对环境的可意象性、可识别性、认同感、归属感都是软性景观组成构建作用的结果。人们习惯将场所环境带给自身的记忆和感受进行不同程度的意象化。被意象化的场所环境会在人的记忆里形成很高的可识别性。记忆感受越难忘，被意象化的程度越强，所形成的可识别性越高。而认同感是人对环境产生情感依附的一种表现，是人对充满吸引的城市景观的一种自我认同。人们通过对空间环境的种种认识，意识到自己与该城市的精神上的相依关系。

项目二 公共空间景观基础设计表现

一、公共空间景观格局

城市公共空间建设深入所在区域的每一个阶段的发展变革中，其建造方式同城市的自然条件和人类活动密切相关。因此，世界上现有的城市景观格局与当地居民对时间、空间的理解方式也有着密切关系。纵观各国城市发展的历史进程，城市空间景观格局由城市道路网的演变发展而来，并依据不同时期呈现出各种形态。归纳起来，主要有格网形、放射形、环形、不规则形和复合形。不同的空间景观格局源于不同的文化传统和习俗，不同的空间形式也给人以不同的视觉感受，并体现了城市的文化性格。

（一）格网形景观格局

格网形景观格局也被称为格栅形景观格局，其由道路呈现出明显的横平竖直的正交特征。这种景观特征的优势在于交通组织简单、交通流线分布均衡、路网通行能力较强、便于安排道路两侧建筑与其他空间和设施、利于辨认方位、富于城市可生长性等；其缺点在于对角线间交通绕行距离长、路口较多、车辆行驶速度较低。因此，格网形景观格局更适用于地形平坦的中、小城市，大城市的中心区、旧城区等也以格网形道路格局为主要景观特征。在历史上，由于大多数传统城市是由里坊制演化而来的，因而城市道路形态往往是规划粗放的大街轮廓网格和自由生长的小街巷的双重叠加，并且由于历史、文化等各方面的原因，对道路的宽度、布局、使用及两侧景观都有明确的规定。

（二）放射形景观格局

早期城市道路多依托公路形成，交通全部集中到城市中心，欠缺横向联系。这种传统模板式路网，伴随着过境公路或对外公路的发展需求，形成放射状路网，该景观格局一般适合大、中型城市及特大城市，小型城市由于地块不规则、缺少环形交通等实际情况的存在而较少采用这种设计。

（三）环形景观格局

环形景观格局也呈圆形（图 3-2），其重要特征在于道路系统呈现明显的环状，围绕某一中心区域逐渐展开，从而形成具有明显向心性的圈层景观形态。这是一种与放射形道路景观格局类似，并较为完善的路网系统。正是由于环形道路景观格局也具有明显的核心，因而此类道路景观常用于需要明确突出城市核心的场合。在早期关于理想城市的设想中，很多提案的道路设计就呈现出明显的环形景观形态格局。

（四）不规则形景观格局

在自上而下的城市生长模式下，城市道路较多地显现出不规则的形态，并很好地结合了城市的地形，呈现出一种随机、自然的特征。不规则道路形态大多因地制宜，根据地形特点而建，其特点是顺应地形、节约投资、非直线系数大，通常是以不规则形的街道分布于街区之中。

（五）复合形景观格局

复合形景观道路形态采用方格网、环形或斜向对角线状道路相叠加的方式，连接城市中最重要的场所，以形成具有鲜明对景的景观大道。这种道路形态可很好地诠释道路景观的精神价值和诉求。

图 3-2　环形景观的运用

二、公共空间景观属性

公共空间的景观属性包含物质属性和社会属性。简而言之，物质属性包含两方面意义，即空间性和景观性。空间性体现在空间所容纳各种各样的人流、物流、信息流及水、电、暖等各项基础设施；景观性是指公共空间作为构成城市环境系统的载体，具有自身独特的形态。而社会属性则体现在空间的建造目的，以及社会和经济职能间的相互转变方面。

从景观层面来看，不同景观环境下的公共空间所呈现出的内容、面貌、功能不尽相同。例如，在象征国家权力的公共场所设置娱乐性空间，显然违背了场所的价值意义与空间的功能规定。一方面，公共空间的景观属性决定了它所在环境的表现方式和性质意义，并最终决定其功能价值能否传达给民众；另一方面，在景观诉求上，又有所偏重或具有其独立性，而不必要求思想内涵的面面俱到，承担所有的社会教化职能。当代公共空间的景观内涵是多样式、多层次的。其中包括严肃意义的纪念性空间景观、体现国家意志与权力的空间景观、承载精英意识及文化观念的空间景观、反映地方文脉及社群利益的空间景观，以及源自非城市化地区的民间及乡土意味的空间景观，也有着重显现生态文明的空间景观。

（一）主题性

从国家权力角度来看，公共空间景观的主题性倾向于意识形态和文化根基，所表达的主题内容通常是核心的、多层面的，是具有一定指导思想并能够传达一定精神主旨的。从传统的主题性公共空间题材内容来看，多以人们所熟知的历史人物或事件为设计来源，以纪念碑、纪念墙、遗址的形式出现（图3-3）。这类空间具有政治和历史的象征性和纪念性，为了凸显其意义，通常尺度较大，构成形式或庄重肃穆，或威严神圣。在传达艺术性的同时，这类公共空间更多地承担着对政治、历史、文化的记录，具有纪念、缅怀、赞美、歌颂、传承和保护的强大功能。

图 3-3 百色起义纪念碑

从地域角度来看，空间景观的主题性更多地指向社会和民众，地域文脉、城市理念、人文精神的内涵和外延都在景观主题范围之内。设计者多采用主题空间景观彰显城市文化，这是因为城市主题文化里包含着城市特质资源所形成的特质文化，主题性空间景观的设立也可以被看作根据城市主题文化构建空间形态，并围绕这一主题空间形态来发展城市、建设城市的一种文化策略。

主题性空间景观对价值精神主旨的传达效果最明显，大型主题雕塑最能凸显主题，通常能够形成地域景观坐标，并和周边环境一起形成强烈的精神场域。如济南泉城广场（图3-4）、青岛五四广场（图3-5）、大连星海广场（图3-6），这些公共空间场所因直接概括并体现了这座城市的特殊本质，才得以成为一座城市的代表性空间景观。

图 3-4　济南泉城广场

图 3-5　青岛五四广场

图 3-6　大连星海广场

现今的主题性公共空间正在逐步褪去传统的外衣，在表现形式上更注重利用环境资源，使空间与周边环境紧密结合，并融入一定的现代文明精神。当然，主题性空间景观仍旧承载着纪念和传承的功能，但不再以一种被膜拜的姿态出现，更多的是与民众形成互动的关系，引导民众去关注。

（二）文化性

艺术的花朵需要文化雨露的灌溉和文化养分的滋养；文化也同样需要艺术之花来装点。两者间相互依托，相辅相成的关系说明了公共空间自始至终都要和文化联系在一起，从这个意义上说，可以把公共空间设计看成是一种文化实践方式或是文化认知态度。

文化作为艺术的基因，被视为艺术的本质属性。公共空间景观设计离不开对文化的挖掘。近年来，城市建设的显著特征是从规模向质量转型，城市文化水平和文化氛围成为评价一个城市的重要依据。在当下文化艺术相互交融的开放进程中，地域文化、民族文化、大众文化、生态文化、科技文化、艺术文化都是现代社会最主要的文化现象，这也是公共空间设计的宗旨。在设计中不仅要不断探究空间景观所呈现的文化价值，还要不断调整设计思维方式，以文化的审美意识去重建设计理念，让空间景观和所在环境产生内在联系，在弘扬文化精神的同时产生文化影响，让民众体验和感受文化空间的价值。

随着辽宁老工业区振兴战略的部署实施，老工业区的文化建设和发展成为关注和研究的热点。如何为当下迅猛发展中的老工业区注入文化内涵、恢复老工业区历史记忆、建立城市人文与场域精神则显得尤为重要。例如，沈阳工业重镇铁西区以此为契机展开老工业基地公共空间项目建设，选择以公共艺术项目的开发建设来点亮老工业区的历史文化色彩。其中景观部分以工业文化长廊、重型文化广场展开建设，形成以"一廊、一场"为代表的铁西区工业文化格局。"晨曲""暮歌""工业乐章"等主题鲜明的公共艺术作品亮相铁西建设大路，形成了以公共艺术景观为轴线的工业文化廊道景观。位于建设东路公铁桥桥栏上的《晨曲》《暮歌》作为铁西区工业文化长廊上的一组公共艺术，充分展现了昔日老工业区产业工人上下班时自行车流涌动的生动场面。与工业文化廊道相连接的是充满工业文化气息的沈阳铁西重型文化广场（图 3-7）。该广场是以高 26m、总重 400 吨的动态主题雕塑"持钎人"为标志，由沈阳重型机械集团原址改建而成的大型市民广场。广场上的雕塑、公共设施大部分是由原工厂的废旧器械和物品改造而成的，例如，废弃电炉盖被创意设计成树池、坐具、老铁皮桶被重新装置成娱乐设施、三通管摇身变成果皮箱、巨型螺栓改造为护栏等。

图 3-7　沈阳铁西重型文化广场

缺少了文化滋养的城市，其发展的动力和活力势必被削弱。而公共艺术作为公共空间的一个组成部分或是环境规划里的一个表现样式，正是通过与公众互动产生精神与物质成果，并以此形成对区域文化的暗示和影响，从而展示城市文化。

（三）观念性

观念艺术形成于 20 世纪 60 年代中期，它的出现颠覆了传统艺术的框架。观念艺术认为真正的艺术作品可以不再具有艺术物质形态，作者的概念或观念的组合也可以是艺术的。诸如行为艺术、装置艺术、大地艺术、身体艺术、表演艺术、影像艺术等都是观念艺术的表现形式。

观念性的空间景观重在强调设计者的主观理念和对作品的定义，在思想内涵上具有一定深度。设计师不断将观念性空间的表现样式、主题内容与公共环境相融合，在赋予空间作品概念和意义的同时，使受众面不断扩大，在历经对作品的认识、了解、认同、喜爱的过程后，最终转化为空间景观作品。

美国景观设计师彼得·沃克最早将极简主义艺术运用到公共空间设计中，并持有非常鲜明的个人观点（图 3-8）。他强调极简主义设计是将环境物化，环境即其本身，而不应该把环境设计看作一门艺术，或是把设计的方式看作一种风格。最初，彼得·沃克带有极强观念性和形式感的设计作品并未得到大众认可，这种运用散布和合成的元素在环境中进行展示般的表现，引起社会极大的舆论和争议。随着城市环境的建设发展，彼得·沃克作品中的形式美感和艺术个性逐渐得到大众的认可，透过这些有形的空间、象征性的景观，人们开始思考并能领会到更多内涵和精神方面的内容。

图 3-8　彼得·沃克的极简主义艺术景观

在城市化建设发展的今日，涌现出了许多由雕塑家参与设计创作的景观环境作品。而在 20 世纪 30 年代，一位日裔美籍雕塑家最早尝试将雕塑和景观设计相结合，并一生致力于用雕塑的方法塑造公共空间和环境景观，这个人就是 20 世纪著名的雕塑家和设计师野口勇。早年，野口勇从事公共空间和具有实用功能的环境项目的设计与创作，诸如舞台布景、家居、城市雕塑，这些经验使他对新的雕塑观念有深刻的认知。野口勇发现对环境空间的塑造也是雕塑的一种可能途径，于是他试图将雕塑融入大空间环境中，将大地的基底作为一种雕塑介质来设计，从而使基底成为环境自身的组成部分，而不再是背景。野口勇称之为"空间的雕塑",也就是空间里有雕塑,雕塑间有空间,环境与雕塑合而为一,不分彼此。从某种意义上讲,野口勇的环境景观设计理念中带有鲜明、强烈的观念性。但野口勇的这种设计思想并没有得到当时美国社会的认可。在这种背景下,他设计的如"游戏山""像海岸轮廓线般的游戏场""河滨 Drive 游戏场"等方案都没有实现。但是野口勇对设计游戏场一直兴趣浓厚,后来又做了许多游戏场的方案。

到了 20 世纪 40 年代,野口勇的作品逐渐引起了纽约业界人士的特别关注。此后,他以简洁的设计元素表达空间特性和象征意义,设计了许多雕塑和空间相融合的景观环境方案,而且这些方案都得到了采用。如纽约利华大厦。

例如,野口勇与路易斯·卡恩合作设计的纽约河滨公园游戏场方案,运用浇筑混凝土和绳索、木头等自然材料,将游乐场的基底塑造成金字塔、圆锥、斜坡等形态迥异的雕塑,通过几何和非几何元素的结合,构建出滑梯、攀登架、游戏室等具有游乐设施功能的构筑物。换言之,野口勇摒弃传统的游乐场形式,将基地本身建造成供人游玩、别有洞天的设施体,使整个游乐场和基浑然一体,营造出一个如雕塑般的、自由、快乐的游乐环境。

图 3-9 纽约利华大厦

不使用游戏设施仍可以通过雕塑景观环境让游戏场充满趣味和挑战,野口勇正是本着这样的观点来看待游乐场环境的设计方案。野口勇对游戏场设计自始至终倾注了深厚的兴趣,在其他游乐场设计方案中,也设计了一些与空间环境相契合的游戏器械。他的设计思想对当今的儿童游戏场设计产生了很大的影响。

20 世纪 70 年代,美国日益重视城市游乐场使用安全问题,很多含有探险性质且存有安全隐患的游乐场被改造翻新。一部分评论者表示野口勇在公共环境中使用大量混凝土,从美学角度看,过于粗糙和坚硬,难以达到公园的环境标准,应推翻重建。而另一部分舆论认为野口勇的设计为创造性、冒险性玩耍提供了一片乐土,应本着保留和保护的态度,在此基础上进行适当的改造。而在实际的改造实践中,野口勇作品中的很多理念和精神都被保留和延续了下来。

1982 年建成的加州情景剧场庭院是野口勇晚年的重要作品之一。野口勇在这个庭院的设计中给人们留下了很多遐想的空间。在七个景观雕塑串联起的整个空间环境里,每一个雕塑都代表着加州丰富的地形和地貌。

该庭院的基底由大块不规则的浅棕色片石铺砌而成，象征加州布满岩石的荒漠；蜿蜒曲折、时断时连的线状水系象征着加州的溪流。在水系的起点处设有一个三角形墙体，水流不断地从中流出，而在水系的终点是一个三角形的几何体，象征着加州中部和东部的山脉。在方正的庭园四角，野口勇利用雕塑通过绿植的布景设立来控制空间的围合感。由卵石形花岗岩所垒成的名为"利玛窦之精神"的雕塑是整个庭园的主节点，和雕塑相呼应的是另一个名为"能量源泉"的圆锥形喷泉，两者共同象征委托方公司的创业精神。顶端覆盖有花岗岩的土坡，象征着被城市发展吞噬的农田。一处由沙子、砾石堆成的沙堆上种植着仙人掌等旱地植物，以此象征加州的沙漠；而与之对应的另一处种满绿色植物的土坡则象征着茂密的峡谷森林。一种日本禅宗庭园的境界被凝缩在西方的庭院里，这种文化的互换和交融让野口勇设计的庭园更耐人寻味。

野口勇也没有忽视环境功能上的需求，只是更倾向于创造一种使令人冥想和沉思的空间场域。他认为所有环境元素都应该在精心考虑下被引入空间里，这样它们才具有空间上的尺度和意义，即"用雕塑塑造空间"这一理念的根本。而在这种情形下创造出的景观空间才会触动人心，才会让人们发挥想象力去感受它们的存在。这种设计理念影响了之后的"极简主义"和"大地艺术"两大西方现代景观设计流派，引领了之后城市环境艺术的前行，使得彼得·沃克、乔治·哈格里夫斯、林璎等更多艺术家投身环境艺术领域。

（四）功能性

当下，与公共设施相结合的空间景观层出不穷，设计者常能抓住民众容易忽视的细节展开创意，往往在使用的过程中使人眼前一亮。这些功能设施充分考虑了人的行为习惯，在生理、心理特征，实用性、安全性、适用性之外又融入了艺术性，在满足使用功能的同时以艺术品的形式呈现出来，增添了几分审美情趣和享受，给环境带来了几分装扮和点缀。

户外空间的公共设施以功能性为主，难免缺失一种贴近人心的亲切之感。而设计者的责任之一就是运用艺术化的手段让户外公共设施更显亲和力和生活情趣。基于这一点的考虑，设计师将设计创意融入既定的公共设施上，通过二次设计，为公共设施赋予新的意义，同时也让原本仅具功能性的环境设施在艺术价值上得到提升。

公共设施的功能性是空间景观的重要属性，对空间景观中的功能细节的关注说明设计师能够站在使用者的立场进行设计，再将艺术的情趣和美妙潜移默化地传达给人们。这种在公共设施设计中兼顾功能性与艺术性的做法，使空间景观在功能性上有较大的提升空间。

（五）临时性

随着公众在公共环境中的自我意识形成，加之城市公共空间的开发，公众与公共环境的关系变得日益密切，于是在公共景观的长期性和永久性之上，出现了临时性的公共景观。临时性景观具有短期性、流动性、延伸性、突发性、计划性、公益性的特征。

全球著名的"大象游行""复活节彩蛋"等都属于临时性公共景观，但这种临时性景观却给人们留下了难忘的记忆，而且这种社会影响会随着之后作品和艺术活动的更新、展示并得到延伸。因此，这种临时性公共景观虽然展示期较短，却具有流动性和延伸性的特征。

有些公共场所专门会预留出一部分空间用于临时展示户外雕塑、装置、壁画等形式的公共艺术作品。这类用于临时展示的特设区域可以是一片草坪、一座小广场，也可以是一条街路，而在展示方式上可以集中展示也可分散设置。对于公众而言，临时性公共景观作品看似突然出现在公共环境中，给人意想不到的新奇之感，其实从提案到策划、准备到实施，整个运作过程是需要一定时间和人力的。因此临时性公共景观并非即时展开的，而是在缜密的计划中实施的。

例如，在伦敦特拉尔法加广场四角有四个基座，其中三个基座上各自设有一尊英国19世纪著名的人物青铜雕像（图3-10），体现了强烈的政治权利和社会关系。令人奇怪的是唯独位于西北角的基座上空空如也。这个空荡的雕塑基座建于1841年，最初计划设置一尊青铜的威廉四世骑马像，但因制作经费问题最终没能实现。后来在资金得到解决之时，却因为决策者在探讨到底该设置何等身份的人物塑像的问题上出现意见分歧，而最终悬而未决，导致该基座在1841年至1999年一直处于空置状态。英国民众逐渐习惯了这个空无一物的基座，仿佛这应该是它本来的面貌一样。直到20世纪90年代末，第四基座的空缺才被补全。

图3-10 伦敦特拉尔法加广场

1999年，英国皇家人文学会设立了第四雕塑基座公共艺术项目，为执行该项目，伦敦成立了指导和监督作品展示的委员会。该项目计划每年展示一件公共艺术作品，填补了一直以来第四基座的不完整性，并为当代艺术家提供一个跨越历史时空的"特定展示场地"，极大地激发了当代艺术家的创作灵感。

临时性公共景观通常具有一定的公益性，通过作品向社会传达某种信息和意义，多以个人或组织的名义将作品在公共场所作短期展示。例如，由国际环保组织"绿色和平"携手北京奥美举办的"我本是一棵绿树"公益活动在北京世贸天阶启动（图 3-11）。在活动现场，人们看到了四棵高约 5m、呈现艺术造型的大树。大树并没有绿叶的映衬，仔细去看才发觉它们仅仅是用废弃的一次性筷子制作的。这件公益作品名为《筷子森林》，作为原材料的 8 万余双一次性筷子是由 20 多所高校的 200 多名学生志愿者从各餐馆搜集而来，并与设计师徐银海一起将它们重构还原成树的模样。

图 3-11　"我本是一棵绿树"公益活动

四棵没有生命的大树虽然树干挺拔向上，树枝伸向天空，但在寒冷的冬季里却多了几分苍白和无力，让在场的人不禁去回想它们曾经郁郁葱葱、充满生机的样子。"绿色和平"组织就是希望通过这个公益活动唤起民众的环保意识，呼吁拒绝消费一次性筷子，以此保护中国原本匮乏的森林资源。

三、公共空间景观要素

（一）人

景观与空间是一脉相承的，人的参与同样也是景观的核心要素，对公共景观设计有着深刻的作用和影响。景观与人的关系是相辅相成、共生共荣、彼此成就的。一方面，景观能为人提供舒适、宜人的公共生活场所环境，最大限度地调动起人的感受性、参与性和体验环境的各种可能性；另一方面，人的参与可以赋予景观更大的活力、魅力和潜力，提升景观所在环境乃至地域的影响力和凝聚力。在景观设计中对人这个要素的把握可谓是一种最为有效的景观文化形态构筑。

（二）建筑

建筑是一个城市的载体，也是城市景观构成中的重要因素。如果建筑强调个体特色，而忽略了城市区域的环境风格，就会造成城市空间的混乱、无序。而将建筑看作与台阶、公共艺术品等同样性质的构筑物，就可以站在城市角度来看待建筑。建筑既要考虑人们步行时对建筑物尺度与细部的步行速度景观需求，同时又要考虑到汽车在高速行驶时乘客对景观的要求。因此，构筑物设计要考虑城市的整体环境，在统一中求变化，在变化中求丰富。

纵观世界各国知名景观建筑，多以艺术造型体的形式和面貌呈现，宛如一尊雕塑作品一般，我们将这类景观建筑称为雕塑性建筑。雕塑性建筑即以建筑为主体，以雕塑的形式和样貌呈现出来，如悉尼歌剧院、古根海姆博物馆。也有以雕塑为主体，其内部具有建筑功能的，如自由女神像。

建筑外观及空间形态对景观建筑化有着重要的影响，建筑外观渐渐成为建筑形式表现的一个主题。当建筑以一种公共艺术的形式出现在城市空间中时，所带来的空间吸引力、凝聚力，以及对公众的社会影响力是巨大的、长久的、广泛的。建筑给公众带来的最直接的视觉冲击力及精神观念的影响就是来自建筑外观构建的内、外空间形态。面对城市，建筑体现出一种开放性和公共性。它的外观所呈现的特征，对人们产生强烈的吸引，使人们认为这是某种公共活动的中心。所以我们探求建筑景观作品，就需要探究一下建筑外观及空间形态的语言表达。

建筑外观无论从形式、材料还是色彩都呈现出丰富多彩的特点。建筑外观的多样性与复杂性反映了当今社会多元化的信息时代特征。随着技术的发展，建筑外观已从承重结构中摆脱出来，不再提供构造或功能上的必要表达，而是展示出一种特定的信息或是成为当代媒介中的一支。可见，现代建筑对建筑外观设计表达的需求已经从单纯的物质需要上升到审美情趣和人文精神的需要。这种趋势扩大了景观艺术与建筑艺术的融合空间，拉近了两者的对话距离，拓展了公共景观建筑化、多元化、多层次的发展空间。

全球范围内掀起的"城市文艺复兴"运动使建筑师踊跃尝试新的设计理念，将新建筑的形态构造转化成一种类似雕塑作品的案例层出不穷。建筑艺术对公共景观的影响要素包括现代材料介质、制作技术、现代艺术思维与形式及服务对象的泛社会化背景等。而公共景观也开始从建筑技术、材料、表皮、空间形态、区域文化等诸多方面介入城市建筑。于是，两者融合成浑然和谐的有机整体。这种艺术化的有机融合在建筑层次上起到了主导性的作用，由此出现了许多以建筑为本位，以雕塑样式出现的作品，和其他建筑相比，这些雕塑式的新建筑更像是城市中的精美艺术品。

享誉国际的西班牙建筑师安东尼奥·高迪的作品就倾向于雕塑性建筑，在技术和形式上的大胆突破使他的作品超出一般建筑所具有的功能和价值。高迪在保有原创力的基础上融合了传统和现代的多种建筑风格，超常规的建筑形态、美轮美奂的装饰细节、别出心裁的材料运用，使他设计的建筑宛如一个多彩斑斓的万花筒，给人带来无穷无尽的遐想。高迪的建筑艺术灵感来源于他对大自然的崇拜，儿时的他就对身边的自然事物产生了浓厚的兴趣，一颗掉落在地上的松塔的奇特形态，使他坚信大自然已为人类创造出最独特美丽的造型，人类创造的艺术本该回归自然，只要师法自然，就会有源源不断的设计灵感。因此，他的建筑没有坚硬的棱角，取而代之的是柔和的曲线，这与他的"艺术来源于自然"的理念是契合的。

例如，高迪所设计的四大经典建筑之一的巴特罗公寓位于西班牙巴塞罗那市（图 3-12），是一座六层的住宅建筑。在这座建筑上，有碎拼的五彩瓷砖、骨头般奇特诡异的窗柱、仿熔岩洞形态的大门和墙面、耸立在屋顶上的精美尖塔、犹如火龙脊背般拱起的屋脊，所到之处都会令人产生无尽的遐想，仿佛步入一个奇幻世界，在一个巨大的雕刻艺术品里游走。

图 3-12　巴特罗公寓

另一位来自奥地利的著名建筑师洪德特·瓦塞尔的设计思想也来源于自然，在他的设计生涯里，自始至终都在寻求着和自然之间的契合点。他主张建筑如同自然的一部分，应该具有生长性和发展性，并积极倡导一种可持续发展的建筑设计理念，强调开创人与自然和谐共处的绿色生活方式。直线在他的作品里同样很少被运用，因为他认为直线并不具备创造性，仅仅是被模仿出的线条。瓦塞尔认为，理想的建筑应该像雕塑品一样充满情感和活力，因此他的建筑作品无不呈现出艺术品般多彩多姿的形态。

洪德特·瓦塞尔主张建筑并不是以破坏自然为代价建立的，它应该和自然保持一种共生关系，成为对自然的补充和完善。因此，他善于通过建造屋顶绿地的方法来挽救被建筑物占据的自然土地。

建筑外观和建筑空间形态是有机联系的：建筑外观的结构形态、材料质感、光影色彩等诸多要素都能给人带来不同的审美感受和精神体验；而建筑外观的空间建构与景观语义表达又和科技、社会文化及建筑美学等诸多因素密切关联。这正是景观艺术和建筑艺术相互融合、相互影响的体现。通过对建筑外观语言表达的研究，不仅能发现更多艺术与建筑融合的契机，还可以为建筑创作和公共艺术的实践提供更多的素材。我们也正需要思考当前我国城市景观与建筑艺术形态该如何发生有机而系统的互动和融合，从而发现更多的城市景观与建筑对话的契机，寻求更多融合的方式。这无论是对城市景观的多元化、城市化、大众化发展，还是对建筑艺术的审美意识提升都是一种积极的因素。

（三）水体

水体设计是城市景观设计中的难点之一，在景观中可以起到点睛之笔的效果。

1. 水体景观构成及形状

水体景观由水的存在形式、造景手法和表达方式构成。水分为止水和动水两类，其中动水根据运动的特征又分为跌落的瀑布水景、流淌型水景、静止型水景、喷泉式水景。这些都是水体运用较为普遍的形式。

水的形态由一定的容器或限定性形状所形成。水体造型取决于容器的大小、形状、高度差和材质结构的变化，有的是涓涓细流，有的激流奔腾，有的静如明镜。这些水的形状特征给景观设计师带来无穷的设计灵感。

2. 水体景观设计的内容

（1）静态水体。所谓静态水体是指水的运动变化比较平缓。静水主要处于地平面，比较平缓，无大的高差变化。静水可以产生镜像效果，产生丰富的影像变化，一般适合做较小的水面处理。如果做大面积的静水，其形式应曲折丰富。水池的形状有西方景观中的规则几何形，也有中国古典园林中的不规则自然形。在日本造园中，处理较小水面时常用具象形状，如心形池（图 3-13）、葫芦形池（图 3-14）等手法。池岸分为土岸、石岸、混凝土岸、沙岸等。在现代景观中，水池常结合喷泉、花坛、雕塑等景观小品布置，或放养观赏鱼，并培植水生植物。

（2）动态水体。景观中的水体更多以动态水景的形式存在，如喷泉、瀑布、叠水等。动态水景因水流的形态和声响常能吸引人们的注意，因此多设置在空间环境居中或醒目的位置，使其成为景观视觉的中心。

图 3-13　心形池

图 3-14　葫芦形池

第一，流水。流水是指景观绿地中自然曲折的水流，急流为涧，缓流为溪。流水常依绿地地形地势变化，且多与假山叠石、水池相结合。成功地运用流水水体，可使环境虚中有实、实中有虚，取得虚实相映的环境效果。

第二，瀑布。瀑布是一种自然景观，这里的瀑布是指人工模拟自然形成的、有较大流量的水从假山悬崖处流下所形成的景观。瀑布通常由五部分组成，即上流（水源）、落水口、瀑身、瀑潭和下流（出水口）。瀑布常出现在自然景观中，按其跌落形式可分为丝带式、幕布式、阶梯式、滑落式等。瀑布的设计要遵循"做假成真"的原则，整条瀑布的循环规模要与循环设备和过滤装置的容量相匹配。可以说，瀑布是最能体现景观中水之源泉的造景手法之一。

第三，叠水。叠水是指有台阶落差结构的落水景观。水层层重叠而下，形成壮观的水帘效果，加上因运动和撞击形成的水声，令人叹为观止。严格来说，叠水属于瀑布范畴，但因其在现代城市景观中应用广泛，多用现代设计手法表现，体现较强的人工性，因此将其单列。叠水常用于城市广场、居住小区等景观空间中，经常与喷泉相结合，共同形成一个整体的景观环境。

第四，喷泉。喷泉是指具有一定压力的水从喷头中喷出所形成的景观。喷泉通常由水池（旱喷泉无明水池）、管道系统、喷头、动力（泵）等部分组成；如果是灯光喷泉还需有照明设备，音乐喷泉还需有音响设备等。喷泉的水姿多种多样，有球形、蘑菇形、冠形、喇叭花形、喷雾形等。喷水高度也有很大的差别，有的喷泉喷水高度达到数十米，有的高度只有 10cm 左右。在公共景观中，喷泉常与雕塑、置石、花坛结合布置，来增强空间的艺术效果和艺术趣味。

喷泉是现代水体景观设计中最常用的一种装饰手法。除了艺术设计上的考虑，喷泉对城市环境具有多重价值，它不仅能湿润周围的空气，清除尘埃，由于喷泉喷射出的细小水珠与空气分子撞击，还能产生大量对人体有益的负氧离子。随着城市环境的现代化，喷泉越来越受到人们的喜爱。喷泉技术也在不断发展，出现了各种各样的形式，其中最常见的喷泉有以下几种。

第一，水池喷泉：这是最常见的形式，除了应具备喷泉的基本设备，常常还有灯光设计的要求。喷泉停喷时，就是一个静水池。

第二，旱池喷泉：喷头等隐于地下，其设计初衷是希望公众参与，常见于广场、游乐场、住宅小区内。喷泉停喷时，是场中一块微凹的地面。旱池喷泉最富于生活气息，但缺点是水质容易被污染。

第三，浅池喷泉：喷头藏于山石、盆栽之间，可以把喷水的全范围做成一个浅水池，也可以仅在射流落点之处设几个水钵。

第四，自然喷泉：喷头置于自然水体中，喷水高度可达几十米。

一般情况下，喷泉的位置多设于广场的轴线焦点或端点处，喷泉的主题要与周围环境相协调。例如，适合参与和有管理条件的地方可使用旱池喷泉；仅用于观赏的可采用水池喷泉；在自然式景观中，与山石、植物相组合的可采用浅池喷泉。

3. 水体景观设计的要点

（1）水体景观形式要与景观空间环境相适。如音乐喷泉一般适用于广场等集会场所，喷泉与广场不但能融为一体，而且它以音乐、水形、灯光的有机组合来给人的视觉和听觉以美的享受；而居住区更适合设计溪流环绕，以体现"静怡悠然"的氛围，给人以平缓、松弛的视觉享受，从而营造出宜人的生活、休憩景观空间。

（2）水体景观的表现风格是选用自然式还是规则式，应与整个景观规划一致，体现统一的风格。

（3）水体景观设计应尽量利用地表径流或采用循环装置，以便节约能源和水源，尽可能使景观用水重复使用。

（4）要明确水体功能，是为景观还是为戏水，或仅是为水生动植物提供生存环境。如果是戏水型的水体景观就要考虑安全问题，水不宜过深，以免造成危险，水深的地方必须要设计相应的防护措施。如果是为水生动植物提供生存环境的水体景观，则需要安装过滤装置等设备以保证水质。

（5）在水体景观设计时要注意结合照明，特别是对动态水景的照明，往往可获得更好的景观效果。

（四）绿化

作为重要的城市景观要素，绿化的功能体现在非视觉性和视觉性两方面。绿化的非视觉性是指绿化植物具有净化空气、吸收有害气体、调节和改善小气候、吸滞烟尘和粉尘、降低噪声等作用。绿化的视觉性指绿化植物的审美功能，根据不同景观环境的设计要求，利用不同植物的形态，使城市空间更具尺度感和空间感，如遮挡建筑物给人的压迫感，同时衬托出景观环境的美感。绿化本身的内涵非常丰富，既有烘托主题的作用，又可成为城市空间的主体。

1. 绿化表现样式

（1）草坪。草坪是指出于一定的设计、建造结构和使用目的，由人工建植的草本植物块状地坪。草坪主要采用多年生矮小草本植株密植，并经人工修剪成平整的人工草地，而不经修剪的长草地域则称为草地。利用草坪进行城市景观环境地面覆盖，可防止水土流失和二次飞尘，还可创造绿毯般富有自然气息的游憩和运动健身活动的城市空间。

第一，草坪按适应的气候条件可分暖季型草坪草、冷季型草坪草两类。

暖季型草坪草草种主要有地毯草、中华结缕草、野牛草、天堂草、格兰马草、狗牙根草等。

冷季型草坪草草种主要有高羊茅、细羊茅、小糠草、草地早熟禾、加拿大早熟禾等。

第二，按草种组合方式可分单一草坪、混播草坪、缀花草坪三类。

单一草坪为以一种草种进行铺设种植的草坪。

混播草坪为以多种草种进行组合铺设种植的草坪。

缀花草坪为以多年生矮小禾草或拟禾草为主，混有少量草本花卉进行铺设种植的草坪。

第三，按草坪用途可分游憩草坪、观赏草坪、体育草坪、交通安全草坪、保土护坡草坪五类。

游憩草坪主要供人入内休息、散步、游戏等户外活动之用。一般选用叶细、韧性较大、较耐踩踏的草种。规则式游憩草坪的坡度较小，一般自然排水坡度以0.2%～0.5%为宜。而自然式游憩草坪的坡度可大些，以5%～10%为宜，通常不超过15%。

观赏草坪一般不对民众开放，不允许进入休息、游戏。一般选用颜色均一、绿色期较长、既耐热又抗寒的草种。平地观赏草坪坡度不小于 0.2%，坡地观赏草坪坡度不超过 50%。

体育草坪可根据不同的体育项目的要求选用不同的草种，或选用草叶细软的草种，或选用草叶坚韧的草种，或选用地下茎发达的草种。一般自然排水坡度为 0.2%～1%；如场地具有地下排水系统，则草坪坡度可以更小些。

交通安全草坪主要设置在城市陆路交通沿线，尤其是高速公路两旁及飞机场停机坪上。

保土护坡草坪主要用以防止水土被冲刷、尘土飞扬。这类草坪主要选用生长迅速、根系发达或具有匍匐性的草种。

草坪在城市景观中的适用范围极广。一般设置在房屋前后、大型建筑物周围、广场、公园或林间空地，供人们观赏、休憩或娱乐运动之用。西方古代园林中多使用规则式草地，到了 18 世纪中叶，英国自然风景园林出现后，园林中开始大面积使用自然式草坪。自然式草坪绿地面积不宜过小，具有视线开阔和阳光充足的特性，更加适用于户外活动。而中国古代的苑囿有大片疏林草地，直至近代园林才开始使用草坪。

（2）花坛。花坛是指在一定范围内的洼地上按照整形式或半整形式的图案栽植观赏植物，以表现花卉群体美的园林设施。

第一，按花坛的形态可分为平面花坛和立体花坛两类。平面花坛又可按构图形式分为规则式、自然式和混合式三种；立体花坛的表现形式多以花丛花坛为主，是用中央高、边缘低的花丛组成色块图案，来表现花卉的色彩美。

第二，按花坛的运用方式可分为单体花坛、连续花坛和组群花坛。到了现代，又出现了移动花坛，由许多盆花组成，适用于硬铺装地面和城市桥梁地面。

花坛主要用在规则式园林的建筑物前、入口处、城市广场、道路旁或自然式园林的草坪上。中国传统的观赏花卉形式是花台，多从地面抬高数十厘米，以砖或石砌边框，中间填土种植花草。有时在花坛边上围以矮栏，如牡丹台、芍药栏等。

在城市景观花坛中，灌木是经常采用的植物。灌木通常指观赏性的灌木和观花小乔木。这类植物种类繁多、形态各异，在花坛景观营造中属于中间层，起着高大乔木与地被植物之间的连接与过渡作用，既可强调花坛植物的树木空间层次，又可作为主要观赏对象形成视觉中心，极具艺术表现力。

（3）绿篱。绿篱是指用乔木或灌木密植成行而形成的绿色篱墙带。适合绿篱的树木应是萌芽力强、耐修剪的树木。

第一，绿篱按其高度可分为矮篱（0.5m 以下）、中篱（0.5～1.5m）、高篱（1.5m 以上）。

矮篱的主要用途是围定园地和作为装饰，中篱的主要用途是划分往返车道，高篱的用途是划分不同的空间、屏障景物。高篱通常作为雕塑、喷泉和艺术设施景物的背景，能营造很好的城市环境气氛。在同一景区，自然式绿篱和整形式绿篱可以形成完全不同的景观,必须善加运用。

第二,按种植方式可分为单行式和双行式。

第三,按养护管理方式,可分为自然式和整形式。自然式一般只施加调节长势的修剪,整形式则需要定期进行整形修剪,以保持体形外貌。按植物种类及其观赏特性可分为绿篱、彩叶篱、花篱、果篱、枝篱、刺篱等,需要根据园景主题和环境条件来选定。

针叶树种的绿篱,有的树叶具有金丝绒的质感,给人以平和、轻柔、舒畅的感觉。有的树叶颜色暗绿、质地坚硬,就形成严肃静穆的气氛。阔叶常绿树种类众多,更有不同的视觉效果,这样对于其在不同场所的应用也就提供了多种应用素材。花篱不但花色、花期不同,花的大小、形状、有无香气等差异各异,因而形成情调各异的景色。至于果篱,除大小、形状、色彩各异以外,还可招引不同种类的鸟雀,给城市休闲景观环境增添自然的生态情趣。

(4)树木。树木在城市景观设计中的表现形式多种多样,可从配置方式出发,分析不同树种的选用。

第一,按规则式配置方式可分为以下几类。

一是对植。在城市景观园林的进出口、建筑物前等处,在其轴线的左右,相对地栽植同种、同形的树木,使之对称并相适应。对植树种要求外形整齐美观,两株大体一致,常用的有桧柏、龙柏、云杉、海桐、桂花、柳杉、罗汉松、广玉兰等。

二是列植。一般是将同形、同种的树木按一定的株行距排列种植,可单行或双行,也可多行。如果间隔狭窄、树木排列很密,能起到遮蔽后方的效果。如果树冠相接,则行列的密闭性更好。也可以交替种植不同形态或不同种类的树木,使之产生韵律感。列植多用于行道树、绿篱、林带及水边种植。

三是正方形栽植。按方格网在交叉点种植树木,株行距相等。正方形栽植的优点是透光、通风良好,便于人工护理和机械操作。缺点是幼龄树苗易受干旱、霜冻、日灼及风害,又易造成树冠密接,一般正方形栽植多用于矩形广场,园林绿地中极少应用。

四是三角形种植。株行距按等边式或等腰三角形排列。此法可经济利用土地但通风透光效果较差,不利于机械化操作。

五是长方形种植。长方形种植为正方形种植的一般变形,它的行距大于株距。长方形栽植兼有正方形和三角形两种栽植方式的优点,而避免了它们的缺点,是一种较好的栽植方式。

六是环植。这是按一定株距把树木栽为圆环形的方式,有时仅有一个圆环,甚至半个圆环,有时则可形成多重圆环。

七是花样栽植。像西洋庭院常见的花坛那样,构成装饰花样图案。

第二,按自然式配置方式可分为孤植、丛植。

一是孤植。孤植主要可表现树木的个体美,其功能有两个:单纯为观赏,作为园林艺术构图的孤植树;庇荫与观赏结合。孤植树的构图应该十分突出,形体巨大、树冠轮廓富于变化、树姿优美、开花繁茂、香味浓郁或叶色具有丰富季相变化的树种都可以成为孤植树，如油松、红松、冷杉、落叶松、榕树、珊瑚树、苹果树、紫矮杉、银杏、红枫、香樟、广玉兰等。

二是丛植。树丛的组合主要考虑群体美，就单株植物的选择条件与孤植树相似，但其观赏效果要比孤植树更为突出。作为纯观赏性或诱导树丛，可以用三种以上的乔木搭配栽植，或乔灌木混合配植，亦可同山石花卉相配合。庇荫用的树丛，以采用树种相同、树冠开展的高大乔木为宜，一般不用灌木配合。配置的基本形式可分为两株配置、三株配置、群植和林植。

两株配置由于株数上呈偶数对称，视觉上往往倾向于把两个或四个（以此类推）同种元素组成的构成分开，基于此点，在配置上可根据具体方案情况进行灵活的调和与对比。首先必须采用统一树种（或外形十分相似），才能使两者统一；其次，树木在姿态和大小上应有差异，通过这种对比显现生动、活泼。一般而言两株树的距离应小于两树冠半径之和。

三株配置可采用姿态不同的同一树种，也可采用不同树种，栽植时要避免三株在同一线上或呈等边三角形。三株的间距要有所变化，根据形态、大小、高矮、远近进行平衡配置。三株配置是树丛的基本单元，三株以上可按其规律类推。在实际设计中，很多方法都是灵活多变的，需要时刻与所在空间环境相联系。

群植是由十株以上、七八十株以下的乔灌木组成的人工植物群，主要表现植物群之美，因而对单株要求不严格，树种也不宜过多。在设计中，应将各种植物中的同种类或相近的植物进行成组种植，以形成秩序效果，避免因零散栽植造成的不紧凑、无秩序感。此外，还要划分主次，在树群的构成中应有主体植物，以吸引人的注意力并成为景观焦点。

树群在园林功能和配置上与树丛类同。不同之处是树群属于多层结构，须从整体上来考虑生物学和美学的问题，同时要考虑每株树在人工植物群体中的生态环境。树群可分为单纯树群和混交树群两类。

单纯树群观赏效果相对稳定，树下可用耐阴宿根花卉作地被植物。混交树群在外貌上应该注意季相变化，群落内部的树种组合必须符合生态要求，高大的乔木应居中作为背景，小乔木和花灌木在外缘。群落任何方向上的断面应该显现林冠线的起伏错落，水平轮廓要有丰富的曲折变化，树木间距要疏密有致，可根据不同树种的形态和季相色彩，运用重复、倒置、交替、渐变等配置手法加以排布。

林植是较大规模的成片、成带的树林状种植方式。园林中的林植方式上可较整齐、有规则，但比真正的森林略为灵活自然，做到因地制宜。除了防护功能之外，还应注意在树种选择和搭配时考虑到美观和符合园林的实际需要。

树林可粗略分为密林（郁密度 0.7～1.0）与疏林（郁密度 0.4～0.6）。密林又有单纯密林和混交密林之分，前者简洁统一，后者华丽多彩，但从生物学特征来看，混交密林比单纯密林更适于植物的繁殖生长。疏林中的树种应具有较高的观赏价值，树木的种植要三五成群、疏密相间、有断有续、错落有致、生动活泼。疏林可与草地和花卉结合，形成草地疏林和嵌花草地疏林。

2. 植物景观配置

植物景观配置是城市景观规划设计的重要环节，应该按植物生态习性和景观布局要求，合理配置场地中各种植物（乔木、灌木、花卉、草皮和地被植物等），以发挥它们的景观功能和观赏特性，使城市景观环境一年常绿、四季花开。合理的空间组合能够收到意想不到的视觉效果。植物景观配置包括两方面：一方面是植物种类配置，主要考虑植物种类的选择、树丛的组合、平面和立面的构图、色彩、季相及园林意境；另一方面是植物与其他景观要素，如山石、水体、建筑、园路等相互之间的配置。

景观植物配置的基本方式有三种，即规则式，自然式和混合式。

（1）规则式又称整形式、几何式、图案式等，是指园林植物成行成列等距离排列种植，或作规则的简单重复，或呈规整形状，多使用植篱、整形树及整形草坪等。规则式的花卉布置以图案式为主，花坛多为几何形，或组成大规模的花坛群。草坪平整而具有直线或几何曲线形边缘。通常运用于规则式或混合式布局的城市园林环境中，具有整齐、严谨、庄重和人工美的艺术特色。

规则式又分规则对称式和规则不对称式两种。规则对称式是指植物景观的布置具有明显的对称轴线或对称中心，树木形态一致，或经过人工整形，花卉布置采用规则图案。规则对称式种植常用于纪念性园林、大型建筑物环境、城市广场等规则式园林绿地中，具有庄严、雄伟、肃穆的视觉效果，有时也会产生压抑和呆板的效果。规则不对称式设计没有明显的对称轴线和对称中心，景观布置虽有规律，但也有一定的变化，常用于街头绿地、庭院等。

（2）自然式又称风景式、不规则式，指植物景观的布置没有明显的轴线，各种植物的分布富于变化，没有明显的规律性。树木的种植没有固定的株行距，形态大小不一，充分发挥树木自然生长的姿态，不求人工造型；充分考虑植物的生态习性，植物种类丰富多样，以自然界植物生态群落为蓝本，创造生动活泼、清幽典雅的自然植被景观，如自然式丛林、综合性公园休息区、自然式小游园、居住区绿地等。

（3）混合式是规则式与自然式结合的形式，通常指群体植物景观（群落景观）。混合式植物造景汲取规则式和自然式的优点，既有整洁清新、色彩明快的整体效果，又有丰富多彩、变化无穷的自然景色，呈现出自然美和人工美的双重美感。混合式植物造景根据规则式和自然式各占比例的不同，又分成三种情况，即以自然式为主结合规则式、以规则式为主点缀自然式、规则式与自然式并重。

3. 植物季相分析

有很多落叶植物的叶、花、果的形态和色彩随四季而变化，在四季变化分明的地区，环境设计师和园林设计师都非常注重运用能呈现季相变化的落叶植物，根据季相植物的开花、结果或叶色转变进行配置，以呈现出秋冬换季时最具观赏价值的植物景观。

落叶植物产生季相变化的时间依所在地区的气候带变化而定。例如北京的春色季相比苏州来得迟，而秋色季相比苏州出现得早。即使在同一地区，气候的正常与否也会影响季相变化的时间和色彩。通常，低温和干燥的气候会推迟草木萌芽和开花。例如红枫一般需在日夜温差大的气候条件下才能变红，如果霜期出现过早，树叶还未变色就已脱落，便难以产生迷人的秋叶景观。

在城市植物景观设计中，充分运用特色鲜明、观赏价值高的季相植物，能给人以时令的启示，增强季节感，更可展现城市自然环境的景观魅力。对于整体的植物景观效果，设计者应该力求将植物景色呈现在一年四季之中，使每个季节都能呈现植物的美感。对于局部群落区内树种配置相对简洁的植物，可突出一季或两季的景观。为了避免季相不明显时期的偏枯现象，也可用不同花期的树木进行混合配置，运用增加常绿树和草本花卉等方法来延长观赏期。

（五）家具

家具是居家生活中必不可少的使用品，而在开放的公共空间里，同样需要贴近人心的"生活品"以供人们日常使用。基于这些环境设施的重要位置和意义，人们形象地称之为"城市家具"。城市家具是按照人们的行为习惯和需求方式，根据一定的功能关系进行组织，由各种环境设施所构成，以满足人们某种行为功能需求和精神文化需求，满足当代人的各种生理和心理需求的公共设施。

城市家具具体包括休憩构筑物及设施（如坐具、桌具、亭、廊）、景观构筑物（如景观墙、门洞、山石、汀步、步石）、信息设施（如指路标志、导游图、告示板、广告牌）、娱乐设施（如静动态游乐器械、静动态运动器械、专用活动场地）、卫生设施（如垃圾箱、饮水器、洗手池、烟灰筒、公厕）、商业服务设施（如售货类卖店、餐饮类卖店）、照明安全设施（如高位照明、道路照明、人行步道照明、低位照明、装饰照明）、交通设施（如公交车站、防护栏、机动车路障、扶栏、自行车停放器、车辆停放棚）等。

1. 休憩构筑物

休憩设施指环境中具有休憩功能的户外家具或建筑性质的设施物，包括坐具、桌具、亭、廊。这些设施一般体量较大、外观优美，常常成为景观中的视觉焦点和构图中心，并且通过其独特的造型极易体现景观的风格特色。

（1）坐具。坐具指供人坐的用具。座椅、坐凳属于中国传统坐具。座椅是一种有靠背或连带扶手的坐具，可供人倚靠或把扶。相比之下，坐凳无靠背和扶手，其用料简单、形状多样、用途广泛，传统的长方形坐凳延续到明代，自清代开始便出现方形、圆形、扇面形、六角形等形状的凳子。

户外坐具设计必须借助人体工程学理论，对人的生理特征进行认识和研究，应注重对人体尺寸、人体的各种活动规律与坐具关系的测试分析，以便有效地控制坐具在户外环境的物理量，提供最佳的户外使用舒适度。

如椅子的坐高，由小腿高度加上鞋的厚度来确定，这个尺寸是设计椅子高度的最佳参考数据。对人体尺寸的测量和对人体活动的最佳范围测定，为确定人的活动空间范围和坐具形态设计提供了定量的依据。如根据人的各种姿势的不同性质，空间尺度、支点位置等，可将人体体位划分为立位、座位、蹲靠位、卧位四大类，其中包括作业、休闲等不同状况的姿势。依照不同姿势划分不同的坐具形态，可以从中找到相应的最佳尺度和最优性能。

随着人们对户外休闲生活质量越加重视，户外座椅的形态开始发生转变，从以往的坐姿造型转变为半卧姿造型，宛如一张宽大的沙发床，无形中提升了户外空间的亲和力。而坐凳的灵活性使得它广泛地运用到公共空间景观中。设计师使坐凳在摆放位置和组合方式上最大限度地得到拓展，很多坐凳独立的体块能够相互拼接起来，以形成丰富多样的组合形态，为使用者打造适自己的独特组合。由于坐具常与道路空间搭配设置，因此也可以组构成道路的边界，以一种流动的形态与道路功能相契合（图 3-15）。

图 3-15　户外座椅

此外，坐凳还可以独立的形态分散设置到空间中，成为构建空间、营造氛围必不可少的设计元素。这需要设计者对人的活动及人体（个体、群体）与空间关系进行测试分析，确定所在空间的尺度，把握人的活动范围，以此合理分布坐凳的数量和位置。

（2）桌具。户外桌具通常都是伴随坐具一同出现的，而且在尺度和形态上是与坐具配套的。因此，对人体尺寸和机体活动规律的认识，可以帮助我们从中得到人体数据，而人体数据为桌具设计提供了必要的科学依据。人的活动从物质本体上讲，是肢体的活动。在室内环境构成中，影响空间形态、大小的因素很多，但最主要的决定因素还是人的活动范围，以及相应的家具设备的数量与尺度。城市环境中的家具设计同理，必须确定人所需要的空间尺度、动作区、心理空间，以及两个或两个人以上的相对关系（平行、交叉、相交、相对等）；其相对位置应为重叠、交接、邻接、分离等。根据人的行为，按照以上因素进行分类、归纳，便可求出最小、最大和最佳的空间尺寸。此外，还要注意因人的性别、年龄、职业和生活区域的不同而在设计中保留相对位置的明显差异。因此，有时也可参照比例来获取所需的尺寸。

（3）亭。亭是供人休憩、赏景的设施，由台基、柱身和屋顶三部分组成，通常外形四面通透、玲珑轻巧、形式多样。亭作为景园中主要的景观设施物，常设于山巅、花丛、水际、岛上及游园道路两侧，加之与其他景观要素的结合，形成极富特色的环境景观。

从景亭的设置位置来看，它的作用一方面是形成景观，供游人驻足休息，眺望景色；另一方面是点缀风景。因此，亭的选址归纳起来有山上建亭、临水建亭、平地建亭三种。按照建造材料不同，我国景亭可分为木亭、石亭、砖亭、茅亭、竹亭、混凝土亭等；按平面形式可分为正三角亭、正方亭、长方亭、正六角亭、正八角亭、圆亭、扇形亭、组合亭等；按照风格形式不同，可分为古典式和现代式。

在西方，亭的概念与中国大同小异，是一种在花园或游乐场上设置的简单而开敞、带有屋顶的永久性小型建筑。西方古典园林中的亭子沿袭了古希腊、古罗马的建筑传统，从平面上看多为圆形、多角形、多瓣形；立面的基座、亭身和檐部按古典柱式做法，有的采用拱券；屋顶多为穹顶，也有锥形顶或平顶；多采用砖石结构体系，造型敦实、厚重，体量较大。

在现代城市景观设计中，亭的造型被赋予了更多的现代设计元素。现代各种新型建筑材料层出不穷，使亭子的表现形式多种多样。亭的设计更着重于创造，用新材料、新技术来表现古代亭子的意象，是当今采用最多的一种设计手法。

景亭的表现形式丰富，应用广泛，在设计时要注意以下几方面。

第一，必须按照景观规划的整体意图来布置亭的位置，使局部服从整体，这是景亭设计的首要原则。

第二，景亭体量与造型的选择要与周围环境相协调，如在小环境中，景亭不宜过大。当周围环境平淡单一时，景亭造型可复杂些，反之则应简洁。

第三，对景亭材料的选择提倡就地取材，这样不仅加工便利，而且符合自然生态原则。

（4）廊。廊指屋檐下的过道或独立有顶的通道，它是联系不同景观空间的一种通道式建筑。从造型上看，廊由基础、柱身和屋顶三部分组成，通常两侧空透、灵活轻巧，与亭相似；与亭不同之处在于廊较窄，高度也较亭低，属于纵向景观空间，在景观布局上呈"线"状（而亭呈"点"状）。

廊的类型很多，按其平面形式可分为直廊、曲廊、回廊；按内部空间形式可分为双面廊、单面廊、复体廊、单支柱廊等。廊不仅具有遮风避雨、联系交通的实用功能，而且对景观的展开和观赏的层次递进起着重要的组织作用。廊的位置选址通常有平地建廊、临水建廊、山地建廊。

第一，平地建廊。在地形平坦的公共景园中，廊常被沿界墙或建筑进行布置，作为墙体或建筑的空间延伸；或在开阔地的边界处设置，用以围合界定空间；或沿道路边界进行布置，用以连接不同去处，形成空间上的串联。

廊的开敞形式主要分单面开敞、双面开敞两种。单面开敞指以廊的围合方向的一面为开敞面，并面向主要景观地，便于人们在游憩过程中朝着一面观景，而廊的开口也设在开敞的一侧，以方便人达到眼前的景观区。单面开敞的廊常设置在开敞地的边界处，用以围合界定空间，形成景观的向心特征。双面开敞指廊的两个面都处于开敞状态，多用于行进距离较长的游廊，便于游人在行进过程中观览游廊两侧的景观。

第二，临水建廊。在水边或水上建筑的廊，也称水廊。位于水边的廊，廊基一般紧贴水面，造成临水之势。在水岸自然曲折的情况下，廊大多沿水边呈自由式格局，顺自然之势与环境相融合。凌驾于水面之上的廊，廊基实际就是桥，所以也叫桥廊。桥廊的底板尽可能贴近水面，使人宛若置身于水中，加上桥廊横跨水面形成的倒影，因而别具韵味。

第三，山地建廊。公园和风景区中常有山坡或高地，为了便于人们登山休息、观景，或者为了联系山坡上下不同高差的景观建筑，常在山道上建爬山廊。爬山廊依山势变化而上，有斜坡式和层层叠落的阶梯式两种。

2. 景观构筑物

（1）景墙。景墙在城市庭院景观中一般指围墙和照壁，它首先起到分隔空间、衬托和遮蔽景物的作用；其次景墙有丰富景观空间层次、引导游览路线等功能，是城市景园空间构成的重要手段。景墙的设置多与地形相结合：平坦地形多建平墙；坡地和山地则多建梯形墙，为了避免单调，有的还采用波浪形的云墙。按材料和构造不同，景墙可分为白粉墙、磨砖墙、版筑墙、乱石墙、清水墙、马赛克墙、木板墙、篱墙、铁艺墙。

不同质地和色彩的墙体会产生截然不同的造景效果。白粉墙是中国园林使用最多的一种景墙，它朴实典雅，同青砖、青瓦的檐头装饰相配，格调清爽、明快。在白粉墙前常衬托山石花木，韵味十足；现代清水墙，砌工整齐，加上有机涂料的表面涂抹，使得墙面平整、砖缝细密、朴素自然；用马赛克拼贴图案的景墙，实际上属于一种镶嵌壁画，在景观中可塑造出别致的装饰画景。

景墙并不是附属于空间环境的某一元素，而是空间环境不可或缺的一部分。景墙的内容包罗万象，墙面美轮美奂，常常成为过往行人关注的焦点，景墙所在的空间也会很快成为极具代表性的景观符号。在景墙设计上，大型景墙必须适应环境要求，而小型景墙可不受环境制约，灵活应对，用创意转化环境的制约力。

（2）门洞。中国传统园林的景墙常设门洞，其作用除了交通和通风，还具有使两个相互隔断的空间取得联系和渗透的作用，同时门洞也成为景墙景观中的装饰亮点。门洞还是创造景园框景的一个重要手段，门洞即景框，从不同视景空间、视景角度获得生动优美的风景画面。

传统园林门洞的形式大体可分曲线型、直线型、混合型三类。曲线型门洞的边框线呈曲线，是我国古典园林中常用的形式。常见有圈门、月门、汉瓶门、葫芦门、海棠门、剑环门、如意门、贝叶门等。直线型门洞的边框线呈直线，如方门、六方门、八方门、长八方门及其他模式化的多边形门洞。混合型门洞的边框线有直有曲，通常以直线为主，在转折部位加入曲线段进行连接，或将某些直线变成曲线。

当下的景墙门洞设计已打破了传统门洞的表现形式，在设计上虽受景墙和建筑环境制约，但也具有一定的灵活性和任意性。设计者可将自己的创意发挥到最大限度，抛开环境的制约进行自由发挥，即便是尺度较小的景墙，寥寥几笔也能点石成金，赋予空间新的景观面貌和意义。

门洞表现形式的选择还要从寓意出发，同时考虑建筑的式样、山石、环境绿化的配置等因素，以求形式的统一与多样、节奏与韵律。

（3）山石

第一，假山。假山是指用许多小块的山石堆叠而成的具有自然山形的景观建筑小品。假山的设计源于我国传统园林，叠山置石是中国传统造园手法的精华所在，堪称世界造景一绝。在现代城市景观设计中，假山常被作为人工瀑布的承载基体，作为点景小品来处理。

现代城市景观中常见的假山多以石为主，常用的石类有太湖石类、黄石类、青石类、卵石类、剑石类、砂石类和吸水石类。中国传统的选石标准是透、漏、瘦、皱、丑，而如今的选石范围则宽泛了许多，即所谓"遍山可取，是石堪堆"，根据现代叠山审美标准广开石路，各创特色。

现代城市景观中假山的设计要注意以下几项。首先，山石的选用要与整个地形、地貌相协调。不要将多种类山石混用于一座假山，以免造成质、色、纹、体、姿的不一致。其次，山石的造型注重的是崇尚自然、朴实无华，在考虑整体造型时，既要符合自然规律，又要有高度的艺术概括，使之源于自然又高于自然。

第二，置石。置石是指将景观中一块至数块山石稍加堆叠，或不加堆叠而将山石零散布置所形成的山石景观。置石小品虽没有山的完整形态，但仍可作为山的象征，常被用作景观绿地点景、添景、配景及局部空间的主景等，以点缀环境、丰富景观空间的内容。根据置石方式的不同，可分为独置山石、聚置山石、散置山石。

独置山石：将一块观赏价值较高的山石单独布置成景，独石多为太湖石，常布置于局部空间的构图中心或视线焦点处。

聚置山石：将数块山石稍加堆叠或作近距离组合设置，形成具有一定艺术表现力的山石组合景观，常被置于庭院角落、路边、草坪、水边等。组合时，要求石块大小不等、分布疏密有致、高低错落，切忌对称式或排列式布置。

散置山石：用多块大小不等、形态各异的山石在较大范围内分散布置，用以表现绵延山意，常被放置在山坡、路旁或草坪上等。

（4）汀步。汀步是置于水中的步石，也称跳桥。供人们蹑足行走通过水面，同时也起到分隔水面、丰富水面景观层次的作用。汀步活泼自然、富有情趣，常被置于浅水河滩、平静水池、山林溪涧等地段，宽阔而较深的湖面上不宜设汀步。

汀步的材料常选用天然石材、混凝土预制或现浇。近年来，以汀步点缀水面亦有许多创新实例。汀步的布置有规则式和自由式两种，常见形式有自然块石汀步、整形条石汀步、自由式几何形汀步、荷叶汀步、原木汀步等。汀步除了可在平面形状上变化外，在高低上亦可变化。这种错落有序的行走体验，可增加人对水的自然感和亲切感。汀步的设计要点包括以下几方面。

第一，汀步的石面应平整、坚硬、耐磨，基础应坚实、平稳，不能摇晃。

第二，石块不宜过小，一般不小于 40cm×40cm；石块间距不宜过大，通常在 15cm 左右；石面应高出水面 6～10cm；石块的长边应与汀步前进方向垂直，以便产生稳定感。

第三，水面较宽时，汀步的设置应曲折有变化。同时要考虑两人相对而行的情况。因此，汀步应错开并增加石块的数量，或增大石块面积。

（5）步石。步石是指布置在景观绿地中，供人欣赏和行走的石块。步石既是一种小品景观，又是一种特殊的园路，具有轻松、活泼、自然的个性。步石按照材料的不同，分为天然石材步石和混凝土块步石；按照石块的形状不同，可分为规则形步石和自然形步石。步石的设计要点包括以下几方面。

第一，步石的平面布局应结合绿地形式，或曲或直，或错落有致，且具有一定的方向性。

第二，石块数量可多可少，少则一块，多则数十块，可根据具体空间大小和造景特色而定。

第三，石块表面应较为平整，或中间微凸，若有凹陷则会造成积水，影响行走的安全性。

第四，石块间距应符合常人行走脚步跨距的要求，通常不大于 60cm；步石设置宜低不宜高，通常高出草坪地面 6～7cm，以确保行走安全。

3. 公共信息设施

信息设施包括区域徽记、场所标识、指路标识、告示板、广告牌。在诸多信息性设施的背后是一个复杂的城市综合性标志系统。人们希望借助这些带有图形标识的设施了解到更多环境信息，许多规划者和设计者也本着向人们传递更多环境信息的目的来展现自己的设计理念。当下，中外城市街景中被大量使用的环境标志设计正是源于设计者们对城市综合性信息标志系统重要性的认知。

（1）区域徽记。区域微记作为一个领域的标志，是城市及地方区域的行政和社会微记。在诸多注重地方历史、传统和文化的国家，区域徽记起着彰显自身的重要作用。如市徽、区徽无不标志着城市地区不同的社会观念。

例如，美国田纳西州的沙利文农场为突出地域特征，遴选出一系列动物图案和沙利文专用字体徽标，将这些元素作为该农场的历史文化象征进行提炼。徽标的色彩基调和三角纹饰普遍用于周边各个农场空间，作为新街景系统，该徽标和图案分别被设置在候车场、导游图等系列公共设施上。

（2）场所标识。场所标识是公共环境中起引导方向、指示行为、揭示场所性质等作用的视觉标识系统，具有认同化、标准化特征，该特征对提升空间景观质量与效率起着重要作用。场所标识包括标识章、标识牌和标识物。场所标识设计主要由信码、造型和设置三方面内容组成。信码属于符号学中的一种概念，它不同于符号学的语言学意义，指语言记号或非语言记号在记号体系中发挥作用的规则性或限制性规定。场所标识的意义能否得到人们的认可，所表达的信息能否传递给人们并得到交流，都是借助信码实现的。信码是作用于人的视觉系统的关键。此外，信码还要依托于造型来发挥信息作用，那些易识别、易记忆和易认知的符号信息还反映在标识的形态、色彩、文字、符号上。场所标识的设置方式有镶嵌式、悬挂式、悬臂式和独立式。

（3）指路标识。指路标识是指交通标识中用以标示市区境界、目的地方向、距离、区域场所所在的重要信息标识。指路标识用图形符号和文字传递特定路线信息，其作用有标示道路方向、地点、距离信息；标示公共汽车、出租车、观光车等专用车辆通行信息；禁止或限制车辆行进、停驻信息，标示行人通行信息。

指路标识包括路标、交通标志和地图导览。其中路标是公共空间不可或缺的重要交通标识，它可帮助游人指引道路方向，了解所在空间环境，避免迷失方位。路标的形式多样，有识别标识、方向标识和颜色分类系列。路标的设置需要设计者先对场所空间和环境进行分析，确认各目标点，排列优先顺序；然后选择路线，注明各交会点；再进行资讯编写和设置。路标在公共空间中应达到位置适当、信息准确完整、基调醒目和形态美观等效果。同时，在主标识之下应附设辅助标识，起到辅助说明作用。

4. 公共照明设施

夜间景观的呈现依托于照明，照明设施包括灯具的高位照明、道路照明、人行步道照明、低位照明及装饰照明。其中，装饰照明设计作为一个重要的专项设计，在景观空间设计中占有很大的比重，具有相当的重要性和专业性。因此，在本小节以街道照明的装饰性为指向进行介绍。

装饰照明在现代城市夜景中成为越来越重要的内容，主要功能是衬托景物、装扮环境、渲染气氛，在大型或多组装饰照明的区域中形成亮区，也成为夜间吸引游人的热区。装饰照明根据不同的设置方式和照明目的，可分为表露照明和隐蔽照明。

表露照明灯具是指外露在环境中的、造型完整独立的、以单体和群体的形式出现的照明设施。表露照明灯具的外观形态本身具有审美特征，加之所释放的光色，两者共同营造夜晚独特的灯光景观，如建筑外墙的串联挂灯和文字徽标的灯管装饰、商业店面的发光板、广告看板霓虹灯、地灯、水下灯等（图3-16）。

图 3-16　灯光景观

隐蔽照明灯具指灯具被埋设和遮挡，这种设置手法强调光对景物的渲染和衬托，尽量避免突出光源自身。这种隐蔽灯具的设置手法更多是为了彰显景观物或设施在夜间所呈现出的光色视效。隐蔽照明通常采用镶嵌式和透射式设置，如投射灯对建筑墙体立面的刻画，对喷泉水池、雕塑、植物的光色渲染，镶嵌灯对景墙的光色渲染、对地面的空间界定和光色装扮等。

此外，街道照明景观设计的街景装饰化问题易使设计者陷入专注于装饰性而忽视功能性的误区，使得街道光区过大，导致光照污染严重，照明效果不尽如人意，失去了最基本的功能性。此外，还需要尽可能兼顾夜间和日间的双重景观效果。布置表露照明灯具更要注意造型、色调与街道环境的协调关系。

5. 其他功能性设施

其他功能性设施也是遵循人们的行为习惯和需求方式，根据一定的功能关系进行组织、设置，以满足人们在城市生活中的各种生理和心理需求，或者是某种行为功能需求和精神文化需求。作为景观元素的一部分；这些功能性设施以丰富的造型、活泼的色彩、考究的材质、完善的功能出现在公共空间；设置地点为大量人流滞留、漫步、休息或用餐的公共场所，如广场、步行街、人行道、公园、绿地、游乐场等。

其他功能性设施种类繁多，包括如下设施分类：①娱乐设施（如静动态游乐器械、静动态运动器械、专用活动场地）；②卫生设施（如垃圾箱、饮水器、洗手池、烟灰筒、公厕）；③商业服务设施（如售货类卖店、餐饮类卖店）；④交通设施（如公交车站、防护栏、机动车禁行路障、台阶扶手、自行车停放器、车辆停放棚）。

（六）公共艺术

1. 雕塑

随着当代雕塑的多样化发展，作为公共艺术的户外雕塑在城市里蓬勃发展，这让作为公共艺术被导入的雕塑品得到了发展。公共空间里的主角是生活在其中的民众，场所里所设置的雕塑作品必须被赋予一定的意义，不仅是设置的场所，而且作品的形式内容也必须具有公共性。景观雕塑需要具有和空间公共性相关联的精神价值，而不是作为一般艺术品而存在，它更多呈现的应该是一种社会普遍性的美和人性关怀，这才是景观雕塑存在的意义。

雕塑是公共艺术最为普遍的表现样式，有圆雕和浮雕之分。

（1）圆雕。圆雕是完全立体的三维空间视觉艺术造型体。从造型艺术的本质来看，一件雕塑所具有的体量感，正是设计师和艺术家所要极力表现的重点，也是雕塑艺术的基本语言。因此，圆雕靠自身重心和结构稳定地坐落在台座上或直接放置于地面上，适于全方位观赏。

圆雕有单体圆雕和复体圆雕之分。单体圆雕以独立的个体造型呈现，形态相对精练简洁，所表达的情节内容较为独立和集中，给人直观鲜明的感受。复体圆雕是以多个造型体为表现形式，将类似的或相异的物象进行归纳组合，使彼此间相辅相成、有所关联，共同形成有机的整体。

复体圆雕的组合方式可分为连贯式和分离式。连贯式圆雕的物象之间相互交织，浑然一体。分离式圆雕的物象之间没有直接相连，而是以组群关系进行设置，从而拉开间距，形成特定空间所带来的场域氛围和物象间的联系。比起单体圆雕，复体圆雕的结构更显复杂，形式更多样，情节层次更丰富，可充分表达宏大场景和主题。更重要的是复体圆雕通过对空间环境的关注和研究，使雕塑和空间环境进行了更大限度的结合，从而实现对作品场域氛围的营造。

（2）浮雕。浮雕被称为"雕塑与绘画的过渡艺术"，是一种介于雕塑与绘画之间的艺术形式。浮雕在空间处理上趋于二维的平面化，通过在平面背景上对空间透视比例关系的压缩，营造出富于光影变化的立体物象和场景。浮雕的特点和优势在于可发挥绘画艺术中的构图和空间处理手法，雕塑特性和绘画般的叙事性使得浮雕可以自由表现更加宏大的场景和主题，这是圆雕所不具有的。

浮雕就像一幅凹凸起伏的立体画作，按照压缩程度的不同有高浮雕和浅浮雕之分。高浮雕压缩程度小，往往形成极强的造型体量感和空间深度感，给人以强烈的视觉张力，塑造特征和空间构造更加接近于圆雕；浅浮雕的形体压缩程度大，更接近于绘画的平面特征。除此之外，有的浮雕同时运用以上两种手法，难以界定到底属于前者还是后者，更多时候是介于两者之间。到底运用哪一种类的表现，要根据作者的表现内容和塑造手法而定。由于浮雕具有绘画的场景感和叙事性，所以需要依附于岩壁、墙体这样的载体而存在。设计师和创作者通常善于运用圆雕和浮雕相结合的表现形式，以发挥雕塑自身更大的艺术优势和魅力。

从尺度来看，雕塑又分为大型环境雕塑和小型环境雕塑。一般广场雕塑和主题性雕塑都属于大型环境雕塑。这样划分是因为这一类雕塑所在的空间范围开敞宽阔，人流较为密集，雕塑体量感随之加大，多以标志性和象征性的面貌呈现，容易给人留下深刻印象，得以成为场所或地域的标志性景观雕塑。大型雕塑制作程序烦琐复杂，需要考虑很多因素。一般大型雕塑的高度在 15m 以上，巨大的尺度通常需要在造型的延伸度上加以限制，尤其是悬挑部分，一般控制在 5～8m。体量越大的雕塑，其造型和结构越要严密考究，因此有时听取建筑工程师的指导建议是十分必要的。大型雕塑无法避免高度过高、面积过大、体量超大的问题，抗风抗震性、表面平整度、材料物理强度、温差变化和耐腐渗漏处理等诸多后续问题都需要在设计制作过程中加以考虑，通过和技术人员的多方商议来加以解决。

雕塑的形态和尺度比例是由其所在空间性质和尺度决定的。小型环境雕塑所在的空间相对小巧局促，人流汇聚力和向心性相对较弱。雕塑的高度降低，其体量自然不会很大。

根据德国建筑师梅尔坦斯关于建筑高度和可见距离的比值试验可以得出，当人的视距等于建筑高度时，视平线和建筑高度成 45°角，在这个视角下可以看清建筑的局部和细部；当视距是建筑高度的两倍时，视平线和建筑高度成 27°角，从这个视角可观察到建筑整体和大致的细部效果。当视距是建筑高度的 3 倍时，视角成 18°，这个视角能够看清建筑全貌及周围的环境。从建筑外环境到建筑整体面貌，再到建筑局部和细节，这一观看过程也是视角和视距不断变换的过程。18°～45°的范围是人们理想的观感区域，而 27°的视角，也就是当视距是建筑高度两倍时，将成为整个建筑在空间垂直界面里的最佳观看视角。

按照梅尔坦斯的理论可以推导出雕塑尺度和所在环境尺度的最佳比例。因此，在雕塑体量规格的设定上，最先定出所在位置和高度则显得至关重要。只要明确了雕塑高度和观赏距离的关系，就可根据既有的环境及面积制定出与之相符的雕塑尺度。从这个理论可以看出，大型雕塑和小型雕塑之间没有太过恰当的尺度概念。人的视觉感受不仅来自雕塑本身，还与周围的环境有关，环境性质和雕塑形态、题材、功能会发生多个直接或间接的关系。只要调整好雕塑和外环境的关系，赋予人们人性化的观感尺度，雕塑的艺术表现就有了成功的开端。

2. 壁画、壁饰

在绘画艺术表现种类里，壁画是公共艺术极为普遍的表现样式，它需要在建筑墙体空间上按建筑环境要求进行绘画制作。所谓建筑环境要求，主要指的是功能要求、空间要求、尺度要求、壁画题材内容要求。从广义上说，与建筑结构或墙体融为一体的绘画都可划分在壁画的范围内。壁画以手绘为表现手段，可运用丙烯、油彩、油漆等颜料进行绘制。其中，丙烯颜料最为常用，它作为一种胶凝材料具有干燥快、表面密度大、柔韧性强、附着力强、防水性强的特点。优质的丙烯合成颜料可以在混凝土墙面、石材、麻布、木材等依托材料上绘画，在气候影响下也能够长久保持原有状态，不易变色和脱落。

相比之下，壁饰则具有一定的造型工艺要求，或以一个单体造型出现在墙壁上，或以多个单体造型组成，也可以整个画作的形式来表现更丰富的内容。

壁饰注重工艺材料的选择和运用，强调材料、质地、色彩所呈现出的独特美感，例如玻璃钢壁饰、金属壁饰、木质壁饰、陶瓷壁饰。壁饰的表现根据形式内容的不同，常会呈现出犹如浮雕般立体的造型效果。由于壁饰与浮雕都具有造型体积和依附于墙体的特征，因此两者有很多相似之处，有时让人很难区分两者的界限。

建筑立面上的绘画和装饰是极富创造力的，有时这种创造力是自发性的，寥寥几笔的点缀也会让一面死板的墙体有了表情和生机。街头涂鸦艺术最初就是民众自发的创作形式。直至 20 世纪 70 年代，一些有绘画天分的涂鸦者开始专注设计能够代表自我个性的文字符号，以往的涂鸦开始在形态和颜色上出现了设计的印记，人们突然发现这些涂鸦变得好看起来了。这种现象引起了一群热衷于绘画的年轻人的兴趣，他们把目光投向城市的各个角落，用文字符号之外的图画来表达自我的想法和主张。告示牌、供电箱、电线杆等设施成为涂鸦的新媒介，这种现象也逐渐引发了人们对环境设施的存在意义的新思考，真正的涂鸦艺术自此盛行起来。

涂鸦的发展经历了多次风格转变，其出现了一系列令人称赞的创意。这种绘画方式逐渐扩散到其他国家，并被人们慢慢接受，形成了一种独立的艺术形式。在中国，现今的涂鸦艺术在某种程度上已经泛化为壁画图饰，常用于装扮文化创意园区的墙体或功能设施，以营造多元化的文化氛围和场域。

3. 地饰、地画

所谓地饰是指以地面铺装的形式表现的艺术图案或画作，用以装饰环境或赋予环境以丰富的内涵。

地饰与地面铺装材料相结合，表现空间水平界面上的肌理层次变化，一般使用各种肌理的彩色地砖进行地面装饰。它的表现样式和题材不受限制、灵活多样，具有很强的艺术表现力。在城市的大街小巷，人们常常会看到地面上的图案或美丽画作，所表现的内容题材往往能够彰显地方的历史文化特色，如民风民情、传统图案、神话故事等。

例如，"井盖文化"是街头地饰的一种形态延伸。对井盖的美化与装饰在发达国家已成为街区历史文化标新立异的惯用手法。井盖上的图案一般用于表现城市的特色之处。如日本城市街区常常将该市的市花、市树、名胜美景、名物特产、稀有动物、人文故事、传统习俗等题材图案铸造在井盖上，喷涂上色并配以文字标注，其形态惟妙惟肖、可爱动人。有些井盖还用于某事件的纪念之用或是用作道路交通识别系统，平时眼中普通的井盖也能以独特的方式体现其价值和魅力，就像一张张城市的名片散落在地上，只需轻轻俯身观赏，就可领略到该地的独特之处，在行人的会心一笑间对城市的历史有所了解（图 3-17）。此外，还有一种有别于井盖的地饰，是以金属标牌的样式镶嵌在地面上，同样具有独特的视觉传达和叙事说明的功能。

图 3-17　"井盖文化"

4. 装置艺术

装置艺术作为一个专用词汇最初由法国画家杜布菲在 20 世纪 50 年代提出。它是指运用装配或集合的手法，将各种实物拼接或搭配起来成为一件艺术品的表现形式。

装置有"装配"和"放置"的意思，它的特征是将作品装配起来，而不是像雕塑那样进行塑造。装置艺术和雕塑在概念上的区别体现在装置是使用"现成物品"来组合成一种新的认识事物的方式，借以传达作品背后的思想和观点；而雕塑是经过雕琢、塑造等一系列艺术加工手段形成的一种精神载体。

装置艺术作为后现代的一种开放的艺术形式，打破了以往艺术门类间的界限，综合运用多种媒介和材料，在城市空间中营造出具有特殊意义的"情境"。

在装置艺术中，"现成物品"扮演着主要角色。从 20 世纪 60 年代西方艺术普遍地"回到物体"的总体趋向来看，装置艺术不可避免地具有与其他艺术形式相近的共性。例如用不同材料装配、集合组装，或直接用现成品来表达，或放大实物尺度。这些材料和"现成物品"的普遍采用也反映出绘画、雕塑、环境艺术相融合现象的增多趋势。于是，也有人把装置艺术等同于环境艺术来看待。20 世纪 80 年代之后，直接利用"现成物品"材料进行创作成了装置艺术的必然趋势，艺术家的痕迹逐渐淡化，而材料本身的表现力则得到全面加强，装置艺术被进一步简易化，视觉效果明显且简便易行。

综上所述，景观基本构成要素与人们日常户外活动紧密相连，涵盖了更多人文内涵和城市生活理念。景观艺术呈现了一些新的特点：第一，景观艺术的构成要素彰显出城市理念和精神,使城市区域文化更富特色和魅力;第二,景观艺术给人以精神之陶冶和审美之享受,使居民的生活更加宜人舒适,公共文化价值得到更好的实现和提升;第三,各景观要素成为景观艺术与城市环境得以融合的理想载体。因此,景观规划和设计已经成为一座城市、一片区域赢得民心的重要手段之一,这在一定程度上也给设计师和艺术家提供了发挥创造力的空间。设计师可以对单体或多体的空间环境进行功能性和艺术性的设计,使人们在舒适、便利和安全的使用过程中,能够重新认识身边的事物,思考它们的存在意义,从而感悟和实现自身的存在价值和意义。

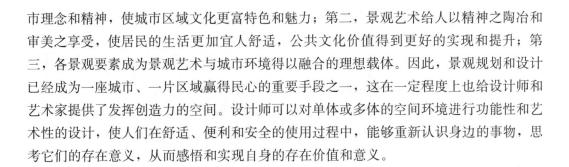

项目三 公共空间景观材料设计表现

对公共空间景观而言,景观物质材料自身扮演着极其重要的角色。不同的物理材料被不同的加工技术或处理方法制作,成为某种形式化的三维存在物,同时也成为作品存在的依据。除了材质的艺术性外,耐久性也是直接关乎景观后续发展的重要因素。因此,在这样的环境艺术语言与方法体系中,物质材料和处理方法都最大限度地获得了多样化的发展。

一、公共空间景观材料的类型划分

(一)金属材料

金属材料的性能、色泽和审美特征是设计者在选材时需要认真考虑的。

金属的性能体现在物理性和化学性上。物理性指金属材料在锻造过程中的物理程度变化,如受压、受热、变形等。化学性指材料的稳定性和耐腐性。而色泽和审美特征则指不同材料所具有的面貌和艺术表现力。

铜、钢铁是景观空间设计表现上普遍使用的金属材料。其中,铜材采用铸铜和锻铜的制作工艺。铸铜作为最为古老的传统工艺流传至今。铸铜材料质地浑厚、保存状态稳定,多采用青铜和黄铜进行铸造,其优良的色泽和高强的防腐性能,备受业界人士的青睐而被广泛应用。

相比之下,锻铜的厚度薄、质地轻,更适于制作形态概括简洁、跨度较大的悬挑造型结构,在增加表皮厚度和内部钢架支撑的情况下还可用于大型作品的制作,而且制作成本低于铸铜。

随着现代科技的发展,金属材料的开发应用得到延伸。一般的钢材不具备对腐蚀的耐受性,即便是在表面上电镀或喷漆也不可避免地腐化生锈。而不锈钢的耐热、耐高温、耐低温、耐化学腐蚀性能出色,具有一定强度和硬度。不锈钢所独具的光滑明亮的质感和肌理也使它更具时代特色和锋芒,在当下环境艺术领域的应用上可谓独树一帜。

不锈钢在锻造方法上和锻铜类似，同样需要经过打骨架和封板阶段。一般金属锻造工艺适合制作形体结构概括简洁、体量较大的艺术品，因此不锈钢作品多倾向于抽象形态表现。当然不锈钢也可锻造一般的具象形态作品，只是对于形态复杂且体量较小的造型来说，在细部锻造上会相应增加难度。所以在进行诸如具象形态作品设计时，设计者应根据工艺要求来考虑形态结构在整体上的概括性，力求使造型体块分明。同时，设计者应确定一个适合于锻造的体量，避免增大不锈钢锻造的工艺难度。

（二）石材

石材是景观艺术设计中最常用的一种材料，也是很重要的表现形式之一。古往今来，石材一直伴随着艺术文明的发展历程，出现了无数个凝聚着人类艺术智慧和技艺结晶的不朽之作。早在旧石器时代，人们就开始在岩洞的石壁上刻画，用石头制作器具和小型工艺品。随着时代发展，石材被广泛地利用到雕塑、建筑上，它的原始之美、天然之感、永久之力得到了艺术家、建筑师的推崇和钟爱。适于造景的石材众多，以花岗岩和大理石为例，花岗岩石质坚硬、结构均匀，具有相当的强度和硬度，极为耐久。花岗岩的材质肌理效果很好，有红、黄红、花白、黑等颜色。花岗岩质地坚硬，在细部加工上具有一定难度。相比之下，大理石的质地较软，花色纹理丰富，在雕刻精细度上更胜一筹，且加工方便。但并非什么等级的大理石都适于放置在室外使用，一般大理石的室外耐久性差，经过较长时间后容易被风化和溶蚀而失去本来的色泽；而优质的大理石因杂质和气孔较少，可避免上述情况。所以，大理石通常用于室内或半室内的建筑装饰或环境景观装饰之用，最普遍的室外保养方法就是定期在石材表面涂抹防护蜡。

在石料的选用上可分荒料和方料两类。荒料指在采石场直接开采的不规整的石料。方料是严格根据雕刻模型的分块大小加工成相应的规格尺寸的石料。

（三）木材

木材是最易于加工的材料之一，其多变的纹理、丰富的形态、极强的可塑性及本身的自然之韵，使得这种材料深得环境设计师的青睐，并被广泛运用到景观艺术之中。

木材按软硬程度有硬材和软材之分。硬材难于雕琢，地质坚韧，纹理密实，不易变形且韧性高，适于表现造型结构复杂、精细的作品，如桦木、杨木、樟木、楠木、榉木、槐木等阔叶树材。软材质地松软，易于雕琢，但不适于深入细化，因此多表现造型简洁、形象概括的作品，如松木、柏木、杉木等针叶树材。

对木材的选料，应因材施艺，通常在木料的形态、质地、纹路等方面加以揣摩、遴选，在保有材料自身形质基础上，加以整合、加工，以达到最佳的景观效果。对于纹理变化丰富、富有趣味的木材，其造型设计应该力求简洁概括，以充分表现出木材纹理为最佳。对于色泽弱的木材，则可着色以加强质感。此外，用于造景的木材须经过自然或人工的干燥处理后方可使用；否则，未干燥的生湿木料在造型过程中极易出现变形、开裂的现象，以至影响景观作品的顺利造型和艺术效果的表达。

作为设置在室外的木制景观作品，自身的耐腐性极为重要，杉木最具天然耐腐性和耐久性，因此适合用作室外木制景观作品制作。此外，柏科和樟科木材也具有不错的天然耐腐性。无论木材自身的耐腐性如何，都要进行人工防腐处理，以使作品呈现出更持久的艺术效果和景观魅力。

（四）塑料

塑料是一种高分子有机化合物，由树脂、增塑剂、润滑剂、稳定剂、着色剂、抗静电剂等多种材料聚合配制而成，其中合成树脂是塑料的主要成分，所占含量一般为40%～100%。因此，树脂的性质往往决定了塑料的性质，久而久之，树脂也成为塑料的同义词，业界也称之为有机玻璃、塑胶玻璃、玻璃钢。

塑料的种类繁多，不同的单体及组成可以合成不同的塑料，它以固体或液体、坚硬或柔软、密实或轻快、透明或半透明或不透明、易燃或不易燃等多种形态和性质存在。无论是以表现造型艺术为主的景观雕塑和小品，还是强调功能使用的城市家具设施，塑料都具有广阔的使用空间，在制作和表现上空间巨大。

塑料的一个极为重要的特性就是能以流动的液态来造型，在加工完成时又可呈现固态形状且坚实耐久。

塑料材质的景观作品大多表面光滑，具有人为加工的色泽。这是因为塑料作为人工合成材料，质地本身的艺术魅力并不大，仅仅是作为实现艺术表现和功能性的一个载体而被加以利用；人工涂色往往可以使单调的塑料变得美轮美奂，成为附着在塑料上的某种艺术语言，在景观形态表现上常常给人耳目一新之感。塑料在城市家具和公共艺术中运用广泛，表面的光滑处理易于上色和后期保洁，既能使人产生亲近感，又独具当下的时代气息。

此外，塑料作为金属和石材的代替品总会带来令人意想不到的效果。塑料的易操作性可以实现复杂多变的造型，坚固性可以使它具有一定程度的耐久力，可着色性使观看者在第一印象上形成金属和石材般的质感，达到以假乱真的效果。与金属和石材相比，塑料的成本低、质地轻薄，易于操作及安装，因此，在中、小型尺度作品的制作上，塑料通常被用来取代金属或石材。

然而，塑料这种材质也存有弊端，它作为仿制材料必定在表现的真实性上有局限，在肌理和质感上始终难以达到逼真的效果。虽然塑料自身具有一定的耐久强度，但它毕竟是合成材料，比起金属和石材还是显得过于逊色。

（五）混凝土材料

混凝土是指由胶凝料、颗粒状集料、水、化学外加剂和矿物掺和料按适当比例拌制后，经硬化而成的复合硬化材料，是当代主要的土木工程材料之一。普通混凝土泛指用水泥作为胶凝材料、砂石作集料，与水按一定比例混合，经搅拌而得的水泥混凝土。

混凝土材料是从建筑材料延伸而来的环境设计艺术新材料，之所以被广泛应用到环境艺术设计中，是因为它具有极强的实用性能，主要有以下几种特点：

第一，混凝土抗浸水、抗潮湿。它对大气中含有的高浓度酸、碱、盐成分都有很强的耐腐蚀能力。即便长期处于恶劣环境中，混凝土也具有超高的耐腐强度，一般沿海城市环境中多采用混凝土材料，就是考虑到它的耐腐蚀性。

第二，混凝土在胶凝状态到硬化的过程中具有很强的可塑性，可以塑造出丰富的造型，硬化后坚实无比，耐久性极强，而且时间越长，耐久度越高。

第三，混凝土材料成本低、容易获取，这也是它应用广泛的重要原因。

任何事物都有正反两面性，完全凝固后的混凝土的质量会增大，加之内部含有钢筋骨架，其质量往往是其他材料的几倍之多，不便于移动，更多情况下仅局限在原地施工。常规下的混凝土在温度 25℃ 环境下初凝不小于 45 分钟，终凝不大于 600 分钟，操作时间上紧促，较为考验技师的操作速度。

在环境景观表现上，混凝土素有"人工浇筑的石头"之称，在更多时候被看作取代石材的理想材料。混凝土在造型方法上大体分模具浇筑法和直接塑型法两种。模具浇筑法是通过往造型模具里灌入混合水泥浆，并融合钢筋构架而成。成功的浇筑法可以保证水泥形态在拆除模具后仍能保持原有的造型，这需要操作者具有一定的浇筑技术和经验。直接"塑型法"是指在混凝土毛坯基础上进行雕刻和塑造。混凝土不仅仅是一种浇筑材料，在进行适当调和后可达到黏土一般的可塑性。直接"塑型法"的重点在于根据水泥的不同凝固阶段对其进行不同方法的加工。其中，湿法加工是在水泥初凝状态下对其进行造型加工，此时水泥没有完全变硬，处于半固态状，再进一步放置养护后，此时的水泥状态极易于"塑型"和刻画；干法加工是在水泥完全凝结变硬后对其进行造型刻画，一般选用细砂、蛭石、珍珠岩、粉状大理石这类质地较软的集料，可以使混凝土变得较软，以便于雕琢刻画。

通过对水泥的表面处理还可以呈现丰富多样的色彩和肌理。镶嵌手法就是利用水泥在初凝时的黏糊状态，将含有一定水分的瓷砖、石块、彩色玻璃碎片放置在其表面，根据镶嵌效果进行一定程度的按压。这种镶嵌手法会使混凝土表面形成美丽的花色图案，使水泥材质本身更具艺术感染力。

（六）综合材料

20 世纪 60 年代，随着西方商业文化和大众文化的繁荣，雕塑材料的使用范围得以拓宽，混合材料应运而生。此时，金属、木、石这些传统材料和玻璃、树脂等新型材料开始被结合在一起使用，而且这些作品延伸到室外环境，融入了土地、植物、建筑这些环境要素。

当下，新技术和新材料的研发已经将综合材料的使用推向新的高度，传统材料已

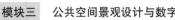

难以满足时代发展的需要。材料的使用不可能一成不变，也不可能有一种材料永远都能够达到最好的审美效果和材质表现力。材料的多样化更是景观环境的客观要求，特别是在当代城市空间环境中，传统材料都会受到较大的局限，运用和研究多种材料来营造当代的审美空间环境是城市景观价值实现的物质保证。从现代理念来看，新的材料运用和发展是无止境的，而且城市景观形态的审美发展正是通过新材料的运用才得以体现。

例如，在里约热内卢阿文古达大街上有一条长306m的景观带，该景观带居于大街中间，起到了中央路缘带的作用。景观带宛如一个狭长的岛屿，形成由石头、混凝土、草坪、多种金属相结合的巨大景观构筑物，有人将这条景观带称为庞大的城市雕塑，整条景观带造型高低落错，横向纵向都有扶栏阶梯供人行走。黑色的石板镶嵌在筑起的草坡和挡墙里，形成戏剧化的软硬对比，但毫无违和感。

巴塞罗那先锋派雕塑师洛克运用多种材料的有机组织，设计创造出这个形态奇特的巨大街道景观带，无形中改变了这一街区的景观面貌。当然，这种改变是受到人们的喜欢和认同的。该景观带也可用于休憩和观景，给人带来充满情趣的通行体验。

二、公共空间景观材料与空间环境

景观材料与空间的关系是密切相关的，不同材料在不同空间环境中的表现力是不同的。对材质的正确选择是挖掘审美支撑体的重要保证。

在景观设计创作中，需要时刻把握与空间关系的协调性原则。除了形式形态、主题内容，材料质地的选用对环境的影响和作用也是极大的。如前所述，作品与空间关系的协调性体现在统一和对比之间。对于在环境中如何选用景观材质，同样需要遵循上述两种方法。

材质与环境的协调统一体现在材质整体效果与所在空间相互作用而形成的视觉和心理结构上。不同材料在不同空间环境中的表现力是不同的。判断一种或多种材质在环境中的合适度，并没有绝对的标准。这需要将作品材质与环境的性质、材料、尺度、形态、色彩等诸多因素相匹配，协调多种关系以求得整体关系上的统一和秩序，或是突出环境中的视觉焦点，打破原有环境场域，赋予环境新的对比变化。统一和对比的关系其实是相辅相成的，材质的选用到底应该赋予环境更多的传统意义感还是更多的对比感，这完全取决于设计者想要赋予环境怎样的意义。

例如，坐落在法国卢浮宫前庭的玻璃金字塔（图3-18），其玻璃材质不同于石头，远古时期的金字塔仅仅是用于陈放逝者的墓室，而透明金字塔则是服务于当下民众的，过去和现在的时代精神在此融汇，人类最杰出的作品应该留给更多人来欣赏。此外，玻璃材质的透明金字塔和周围褐色古老的石头宫殿形成鲜明的对比，以此表示对历史文明的敬意。而且，透明的玻璃材质镶嵌在金字塔形的金属构架上，材料本身具有的艺术语言赋予了卢浮宫新的现代意义。透明的玻璃表面除映射天空色彩的变化外，还可以为地下设施提供良好的采光。这一设计独具创意地将古老宫殿改造成现代化的美术场馆。

由此可见，材质的外显性会让空间环境发生最为直观的变化，这种变化会引起人们的广泛争议，但只要设计师的设计理念能够赋予这种变化更深层的意义，也同样会使人们的观念有所改变，最终得到认可。

图 3-18　玻璃金字塔

三、公共空间景观材料的主要特质

任何材料都有自身的特质，并具有可变化的潜能。一根木头作为曾经生命体的一部分，它的纹理和颜色已经足以呈现原有的样貌。一块石头的物质结构、颗粒结晶、硬度等所呈现出的状态都来自时间和大自然的孕化。金属通过铸造和加工，或粗糙斑驳，或洁净光滑，或渗透流动，或坚实可塑。除了以上传统材料，还有塑料、玻璃、棉麻、陶瓷和高端合成材料等一系列新型材料，每种材料都有其特定的审美肌理和审美潜质，而专业技巧又是实现材料审美性质和表现效果的另一保证。上述的审美肌理和审美潜质就是材料特质。材料的特质体现在以下几方面。

第一，材料的审美肌理要符合作品所要表现的审美品质。肌理是看得见摸得着的东西，指一种材料的材质性质，材质往往给人以直观的面貌和感受。例如，木材和石材更贴近于自然和生态；金属则倾向于工业化和高端科技；玻璃是硬质通透的，而纤维布是柔软密实的。如果材料的基本审美肌理被忽视，那么材料语言和作品品质就不能达成统一，就会破坏材料本身的情感。有些设计者在材料设定选用上违背了材料所能承载的审美可能性，却偏偏想要挖掘已经偏离这种材质表现范围的效果，这当然是难以实现的。例如，如果忽视了石材的粗犷有力，却偏偏把它用在表现纤细、轻盈的造景上，就会违背石材的体量感和凝重感，就难以获得预想的景观效果。

第二，材料的审美潜质需要设计师来挖掘。这些材料在切割、雕琢、打磨、提炼、整合等一系列加工过程中，会逐渐将基本物理性质之外的潜质发挥出来，以获得意想不到的效果。这种材料的特质潜能需要设计师的潜心开发，以最大限度提升材料的特质。

第三，技巧是实现材料审美的保证。材料在技术上的处理绝不完全取决于机械，更重要的还在于技巧的运用。技巧的高低和处理手段的成熟与否直接决定了作品品质。

项目四　公共空间景观的数字化表现

公共空间景观对提升城市生态环境，美化居住环境，提高人民生活水平，提高城市空气质量等，起着至关重要的作用。近年来，城市发展的速度越来越迅猛，城市公共空间景观提升迫切需要采用高端便捷的技术手段来辅助完成设计，通过事先建立起来的城市二三维数据及景观模型把城市的道路、植物、地形、水体、建筑、公园、城市家具等进行数字化建库，以达到提高设计工作的效率和方案的科学水平，从而有助于提高城市的功能完善程度、环境优美度和人与自然的和谐程度，全面提升城市的形象并加快项目落地的速度。

一、数字技术在公共空间景观规划设计中的运用

以前常用的二维图形与三维效果相结合的景观方案设计，是通过把绘图软件AutoCAD等绘制的平面、立面、剖面图形导入SU后，进行三维建模并赋予材质和相机等方式，然后渲染出效果图。但这种表现方式不具有直观性，不能直接地反映出景观设计方案与周边环境的关系，更无法进行互动。

"二三维数字模型的建立及更新可从多个角度观察多个体量的设计方案和周边现状甚至周边规划的视觉效果，可任意角度浏览，观察现状、规划方案的空间关系。"[①] 三维数字模型的制作是以虚拟现实的方式展示三维视觉效果。对于城市景观设计方案成果的"选比"，通过调整景观小品的形体、位置、材质、高度然后输出三维效果图，甚至是多媒体的动画短片，还可通过在场景中任意漫游，发现许多不易察觉的设计缺陷，减少由于事先规划设计考虑不全面而造成的遗憾与损失，从而打破景观规划设计在地理空间信息表达和处理方面的限制。

通过城市数字模型对城市空间形态进行模拟，例如各地规划展览馆中的产品包括360度环幕影院、互动城市漫游、市政交通规划展示系统和寻找家园等，这些产品均是建立在数字城市模型基础上的。数字城市模型是对城市的逼真描述，它不仅具有真实的

---

① 李明慧. 数字技术对提升城市公共空间景观的作用探究 [J]. 安徽建筑，2019，26（6）：38.

地理坐标，而且具有虚拟现实表现的真实感，还具有空间运算能力和空间分析能力，属于基础地理数据的范畴。围绕城市空间形态模拟的相关技术包括二维平面图形，二三维定位信息、二三维数据库技术、三维数据采集技术、三维城市建模技术、三维数据可视化技术及二三维数据分析技术。

将二维景观方案与三维景观方案通过拓扑关系进行同步关联，使用编辑工具可创建图层、要素及添加属性信息和符号等，当二维信息发生改变时三维也将相应改变或得到提示。

二、建立二三维数据库，提升公共空间景观管理水平

随着新技术的广泛开发及应用，城市二三维一体化平台的建立对于城市规划各个方面都产生了不同程度的影响。地理信息技术和虚拟现实技术的发展已经成为建立城市二三维景观数据库的技术支撑。

二三维数据库的建立及虚拟技术的应用，在一定程度上简化了城市公共空间景观规划方案的编制流程，减少了规划方案设计所需的时间，提高了城市规划设计工作的效率和城市规划方案的科学水平，从而有助于提高城市的功能完善程度、环境优美程度和人与自然的和谐程度，全面提升城市的形象。

城市公共景观数据库可根据年份、种类、样式等进行划分，方便管理及统计。对城市绿化专题数据库可根据保护培育分类、保护培育分级等成果进行空间建库和更新。还可对城市设施进行专题数据库的建立，可根据不同设施（如：路灯、雕塑、广告牌、电话亭、报刊亭等）的属性、种类、样式、功能等进行划分。

建立古树名木专题数据库便于对古树名木进行保护，先要全面系统地查清古树名木的资源分布和生长状况，对确认的古树名木要设置保护标志，划定保护范围，便于针对性地制定保护措施及实施动态监测和管理。

古树名木专题数据库的形成，可根据市政园林的古树名木目录，通过空间数据建模和经纬度转换以及外业调查数据核实后形成古树名木数据库。还可纳入监控平台，对古树名木病虫害监测、被伐被盗监测等有效及时进行动态监测和跟踪管理。通过叠加二维信息，可对古树名木的历史、故事、开发价值及管理方式等进行查询。通过三维模型信息可直观地浏览古树名木的样式。

三、数字城市模型在城市公共景观设计中的表达方式

数字城市模型数据能够较好地表达现实中的三维物体，纹理数据是数字城市模型的一个重要特征，它可以提高模型的真实度，增加其可识别性。根据三维城市模型的应用需求，按要素类别可将三维城市模型的数据内容概括为以下内容。建筑物及其附属设施（建筑物、门窗、门厅、避雷针等）；高架道路及其附属设施（高架桥体、高架护栏、桥墩等）；市政公共设施（路灯、雕塑、广告牌、座椅、报刊亭、垃圾桶等）；植被（草

地、树木等）；水体（喷泉、水池、河流、湖泊等）；其他结构物（码头、水库等）。相对于三维植物模型来讲，公共景观数字化最难表现的是对地面地形的处理，现在常用的方法有手工建模和倾斜摄影。人工建模误差较大，但对于方案的表达较为清晰，因此常用于方案设计阶段；倾斜摄影较为真实，能够真实地表现出现有城市景观面貌，适用于竣工项目。

四、公共空间的人工三维景观模型制作方式分析

第一，地面建模要求。地面模型分为路网和地块两部分，以导入的 CAD 图和影像图为参照物建立模型，通过正确的坐标系将建好模型导入虚拟场景中。模型以低面数模型为主，在不会损失表现效果的前提下，尽量减少模型面数，节约空间。

第二，景观种植。景观种植用于人行道或广场绿地上面的树木。树木的模型可以采用三种：单片、十字片、三维树。根据项目要求选择最适合的。种植同样可以用于其他大量同类型的物体，如路灯，电线杆等。CAD 总图中植物、小品的布置工作完成后，需要记录每一个物体的平面位置，以表格的形式将种植位置导入平台中，并从相应素材库中调出对应的树种模型。

传统的二维设计已经不能满足当前城市景观规划的需求。综上所述，虚拟技术的日趋成熟，很多专业领域，尤其是城市景观规划领域对虚拟技术的迫切需求，必将推动二三维一体化技术的进一步发展和应用。成熟的二三维系统，是围绕城市景观规划的需求和应用而拓展的，建设面向城市景观规划的二三维虚拟技术平台，可以为申报项目的指标控制、方案评估、工程管理、决策支持、交通设施等提供全方位、多方式的辅助管理服务，大幅度提高城市景观规划设计的工作效率，也为城市规划的数字化提供宝贵的信息资源和信息服务决策平台。

在信息化技术不断发展的今天，数字技术在城市公共空间景观规划中得到高效的应用。建立一个城市二三维景观数据库，将真实世界的对象物体在相应的虚拟世界中重构。而模型制作的过程既是设计创作的过程，也是实物制造过程和效果演示过程，使设计师的设计手段更加先进和直观，也能更进一步地理解和考证设计的合理性。

思政园地

我们必须牢固树立和践行绿水青山就是金山银山的理念，站在人与自然和谐共生的高度谋划发展。景观设计不单单是对局部景观的独立设计，我们更应该站在宏观经济条件下，满足社会功能属性，在遵循自然生态的规律的基础上赋予艺术表达。

人与自然和谐共生就是景观设计中人、社会、生态辩证统一的理念，更是基于全球视角下，构建人类命运共同体的中国智慧和中国方案。

在设计理念提升的同时，我们也要挖掘景观设计下的新技术、新工艺，实现城

市规划、建筑、环保、植物学、生物学、心理学等多专业的协同发展。尊重自然意味着我们要保护和保持生态系统的完整性，在设计中，应尽量保留和恢复现有的植物、动物和自然生境，避免破坏原有生态系统。应优先选择使用自然材料，如天然石材、木材等，避免使用对环境有负面影响的合成材料。选择本地适应的植物，促进并保持生物多样性，并减少外来入侵物种的风险。考虑植物的生命周期和特性，以确保其适应当地环境。以可持续性发展为目标，综合考虑包括能源利用、废物管理、土壤保护等方面，倡导使用可再生能源和可回收材料，并采用低能耗的照明和灯具等。

模块四

公共空间创意设计与数字化展示

项目一　公共空间创意设计的原则

公共空间设计是创造一个物质化结果的过程，对这一过程的把握直接影响设计的质量。因此，遵循一定的基本原则，是使设计更趋合理和完善的保证。公共空间设计的基本原则概括起来主要有五个方面，即系统性、创新性、可行性、生态性和艺术性。

一、公共空间创意设计的系统性原则

"知识组织上的系统化是一个学科的基本特征，公共空间设计同样也是如此。"[①] 针对这一特征，设计者应该在工作中统筹规划设计活动的各个环节，从整体到局部，从调研到方案，从材料到构造，从功能到形式，从创造性到可行性等多方面、多层次构建起一个有效和有序的操作流程。

二、公共空间创意设计的创新性原则

创新是设计工作的核心价值之一。在公共空间设计中，创新性始终是设计师追求的重要目标。公共空间设计的创新性包括多个方面的内容，如新的设计理念和思想、新的功能构思、新的形式与新的结构、新的设计方法等。

三、公共空间创意设计的可行性原则

公共空间设计不同于纯粹的艺术创作，它受许多因素的限制，如使用者室内要求、

---

① 胡国梁，彭鑫，陈春花 . 公共空间设计 ［M］. 合肥：安徽美术出版社，2017.

使用功能、建筑载体、材料和加工技术、项目造价等。设计者只有充分了解和利用外部条件，精确把握设计的制约，放弃不切实际的构思，才能在限制中取得最好的设计结果。

四、公共空间创意设计的生态性原则

公共空间设计作为一种建造活动，应该贯彻生态性原则这一理念。这一原则要求设计师从环境、构造、技术、材料等各个角度出发，针对项目从建造到使用过程中的能耗、污染、环保等各种问题，提出一系列的综合设计方案，从而达到降低污染、减少能耗和保护环境的目的。公共空间设计中，设计师对构成室内光环境和视觉环境的采光与照明、色调和色彩配置、材料质地和纹理，对室内环境的温度、相对湿度和气流，对公共空间环境中的隔声、吸声等的考虑都应周密考虑。

五、公共空间创意设计的艺术性原则

公共空间设计一方面需要充分重视科学性；另一方面又需要充分体现艺术性。在重视物质技术手段的同时，高度重视建筑美学原理，创造具有表现力和感染力的室内空间和形象，创造具有视觉愉悦感和文化内涵的室内环境，使生活在现代社会高科技、高节奏中的人们能在心理上、精神上得到平衡，这也是现代建筑和公共空间设计中面临的科技和情感问题。

公共空间设计的艺术性较为集中、细致，深刻地反映了设计美学中的空间形体美、功能技术美、装饰工艺美（图 4-1）。

图 4-1　公共空间设计的艺术性

项目二　公共空间创意设计的思维

　　设计的创意生成是观念性行为，是思维活动的结果。正确的思维方法是创意生成的重要主观前提条件，掌握必要的创意生成思维方法是重要的智力支撑。

　　设计中常用的创意思维方法主要有：抽象思维法、形象思维法、发散思维法、类比仿生思维法、灵感思维法、想象思维法等。

一、公共空间创意设计的抽象思维法

　　抽象思维是一种理性的逻辑推理过程，因此也被称为理性思维。它主要是对不同信息进行分析、整理、归纳，并通过建立评价体系，对信息进行比较和综合，从中得出阶段性的结论，并随着新信息的出现和作用再进入下一轮逻辑推理过程，如此循序渐进直至达到最终结果。形象思维是借助于具体形象来开展的思维过程，着重于感性的形象推敲，因此也被称为感性思维。

二、公共空间创意设计的形象思维法

　　形象思维法是设计创意的最基本、最常用的主导性思维方法。无论是艺术设计还是艺术创作，都是艺术形象的创造，所以，形象思维方法是设计创意的一种必不可少的、最基本的方法。从发生学的视角讲，形象思维是人类所具有的一种本能思维形式，又叫作"直感思维"，它是通过直感，接收事物的形象材料，并抓住该事物形象的特殊性以再现该事物的一种本能思维形式。

三、公共空间创意设计的发散思维法

　　发散思维是一种在科学研究中经常用到的且极为重要的思维方法。它在设计中更为重要，更有应用价值。设计创意中的发散思维法是指以从感官接收而来并在大脑中存储为感性形象、"直感表象"、功能印象、结构框架等某一个具体信息作为圆心，向各个方向扩散，沿着不同的解决途径，从而得出各种不同思维结果的一种思维方法。根据用来作为发散圆心的具体信息的不同，可以将设计创意的发散思维法划分为材料发散思维法、功能发散思维法、结构形态发散思维法及"头脑风暴"发散思维法。

四、公共空间创意设计的类比仿生思维法

　　类比仿生思维法就是将一事物类比为另一生物体，将生物体嫁接为一种事物的设计创意思维方法。该方法在公共空间的商业设计、公共空间设计等领域中有着广泛的运用。

五、公共空间创意设计的灵感思维法

所谓灵感思维是指在创作活动中，人的大脑皮质高度兴奋的一种特殊的心理状态和思维形式，它是在一定的抽象思维或形象思维的基础上，突如其来地产生出新概念或新形象的顿悟式思维形式。

六、公共空间创意设计的想象思维法

想象在心理学上是指在知觉材料的基础上，对记忆表象进行加工、改造，使之成为新形象的心理过程。在设计的创意中，想象是对联想到的素材、信息进行加工，以记忆存储的表象为起点，借助经验按照人的感觉和意图对素材、感性信息进行解构、重新建构与组合，虚拟塑造出新形象的过程。设计创意中的想象思维法就是运用想象，虚拟建构新的艺术形象的思维方法。

项目三　公共空间创意设计的方法

一、公共空间创意设计方法——找寻创意途径

设计的思维方法归结为调查分析、设计创意（草图）、确定正稿、调整修改、制作完成等几个步骤。事实上，公共空间设计有自己独特的思维方式。其中草图是将创意表现为可视的图形，为确立正确的设计思想奠定基础。至于调整修改则是精益求精、锦上添花，使整个创意更加完美的过程。在这个过程中，创新代表着独特的想法、个性化的点子。画图不仅仅是设计中的一个程序、一个过程，因为尽管今天人们都在讲"把过程看得比结果更重要"，可是一到具体问题时，对过程的理解还是会出现偏差。

（一）从手绘稿中激发创意思维

纵观许多大师的作品，均有过程中的手绘，或意念或形式，其实就是创意思维的起点。任何一个面、一个点、一条线，甚至一种声音、一种味道都可能发展、演变成具有丰富内涵、实用性很强的设计作品。因为人们用于创造的思维模式十分丰富，诸如形象思维、逻辑思维、发散思维、集合思维、激荡思维、逆向思维等，这些模式又相互融合，互为补充，可谓灵活多变。此外，大脑本身就具有天马行空的思维功能，关键是如何去运用它。

（二）从平面向空间思维的转变

在中国传统绘画中，强调"意在笔先"。可以从两个方面认识：第一，表现对象已

经由设计师进行了深入设计，作为表现者应充分了解设计师的心中之"意"后，再利用自身的技巧将其最大限度地还原在大众面前；第二，设计师自己作为表现者去表达自己设计的作品理念，这在设计的过程中是十分普遍的，因为设计师需要将自己的思维转化成图像，以更进一步地分析、判断自己作品的优劣，为下一步设计提供一个比较好的依据。

在公共空间设计方案的平面图中，要把握住空间的特点，每一处形体、每一种功能的转换以三维形象在思维中出现，这样平面布局就不仅仅是二维的点线的关系，它的每一条线段以及所呈现出来的内容都是一种空间形象。具有这样的设计意识，不但能有效提高设计水平，也为更好地表现设计意图提供了良好基础。

二、公共空间创意设计方法——主要元素运用

我们可以从空间形态构成的角度把公共空间设计元素归结为抽象的点、线、面、光等，这是构成公共空间形态的基本元素。

（一）点的运用

在公共空间设计中，相对于周围背景而言，足够小的形体都可被认为是点。如某些展台、灯具相对足够大的空间都可以呈现出点的特征。

单一的点具有凝聚视线的效果，可处理为空间的视觉中心，也可处理为视觉背景，能起到中止、转折或导向的作用。两点之间产生相互牵引的作用力，被一条虚线所暗合；三点之间错开布置时，形成虚的三角形面的暗示，限定开放空间的区域；多个点的组合可以成为空间背景以及空间趣味中心。点的秩序排列具有规则、稳定感，无序排列则会产生复杂、运动感。通过点的大小、配置的疏密、构图的位置等因素，还能在平面造成运动感、深度感等视觉表现，带来凹凸变化。

（二）线的运用

点的移动形成了线。线在视觉中可表明长度、方向、运动等概念，还有助于显示紧张、轻快等表情。在公共空间设计中作为线的视觉要素有很多，如柱子等。

线条的长短、粗细、曲直、方向上的变化使人产生不同的、个性的观感，或是刚强有力，或是柔情似水，给人不同的心理感受。线条在方向上有垂直线、水平线和斜线三种：垂直线意味着稳定与坚固；水平线代表了宁静与安定；斜线则产生运动和活跃感。曲线比直线更显自然、灵活，复杂的曲线如椭圆、抛物线、双曲线等还能产生更为多变和微妙效果。线的密集排列还会呈现半透明的面或体块特征，同时产生韵律、节奏感。线可用来强调或削弱物体的形状特征，从而改变或影响它们的比例关系，在物体表面通过线条的重复组织还会形成种种图案和纹理的效果。

（三）面的运用

面属于二维空间，面的长度和宽度大于其厚度。展示空间中的面如墙面、地面及展

板等，既可能是本身呈片状的物体，也可能是存在于各种体块的表面。作为实体与空间的交界面，面的表情、性格对空间环境影响很大。

曲是自然形态，与"直"和"方"相对。在"尚曲"的同时，也强调曲与方的对比，两者都有其特点和象征意义。曲，强调个体存在，浑然变通，有容乃大；方，平天下之本，象征等级、尊严、秩序、理性、法律等一切与秩序有关的方面。曲是天色，由于宇宙自然力场使自然当中不乏圆形曲体（圆是曲的特殊形式），如河流、山川、天体、星云等，自然界无论是微观还是宏观，都是曲。方是人工形态，是所有几何图形中最简洁、最平稳的形态，体现"人为"的作用。曲的象征性是人性化的、感性的。

（四）光的运用

光可以形成空间、改变空间或破坏空间，它直接影响人对物体大小、形状、质地和色彩的感知，光的高度与光的色温与颜色是决定空间氛围的主要因素。光的亮度会对人的心理产生影响。光既可以是无形的，也可以是有形的。大范围的照明，如天花板、支架照明，常常以其独特的组织形式来吸引观众，如商场用连续的带状照明，使空间更显舒展。明亮的天花板还能增加空间的视觉高度。现代灯具都强调几何形式的构成，在球体、立方体、圆柱体的基础上加以改造，演变成千姿百态的造型，运用对比、韵律等构图原则，体现新颖、独特的效果。同时我们在选用灯具的时候一定要使其与整个室内格调一致、统一，绝不能孤立地评定灯具的优劣（图 4-2）。

图 4-2　灯具

三、公共空间创意设计方法——形式法则渗透

公共空间设计包括对公共空间设计元素的选择以及在一个空间中的排列情况，以便满足某种功能和美学的意愿和需求。在空间中，没有一个部分或元素是单独存在的。所有的局部形式元素都会在视觉冲击力、功能和意义等方面相互依赖。因此我们要考虑在一个公共空间设计元素之间所建立的视觉关系。

（一）公共空间创意设计的尺度

尺度与比例是两个非常相近的概念，都用于表示物体的尺寸或形状。比例是物体本身一个部分与另外一个部分或一个部分与整体之间的数学关系，如 2∶1；而尺度是物体比照参考标准或与其他物体大小的相对关系。尺度是与空间的形状、比例相关的概念，直接影响着人们对空间的感受。简而言之，比例通常被说成是适宜的或不适宜的，而尺度则被说成大或小、尺寸不到或太过了。尺度重在强调人与展示空间比例关系所产生的心理感受。

我们总是根据熟悉的其他参照物把尺度描述成大或小。许多参照物的尺寸和特点是我们熟知的，因而能帮助我们衡量空间和周围其他要素的大小。

（二）公共空间创意设计的平衡

人们在观察周围事物时，存在追求稳定、平衡的趋势。构成公共空间设计的每种元素均具有特性，共同决定了空间每一部分的视觉分量和它们之间以及与整个空间之间吸引力的强弱。

轴对称平衡、中心对称平衡与非对称平衡是平衡的三个类型。沿一条轴线左右对应地安排相同的空间与十分相近的元素，便可得到轴对称平衡关系。轴对称的视觉效果简单明了，有助于显示稳定、宁静、庄严的氛围。

中心对称是由某种空间、构件围绕一个实际或潜在的中心点旋转而形成的放射式平衡，犹如石块落入池塘所形成的阵阵涟漪。中心对称形成向心式构图，中心地带常作为焦点加以强调，是一种静态的、正式的平衡。

非对称平衡的构图元素无论是尺寸、形状、色彩还是位置关系，都不追求严格的对应关系，而是一种微妙的视觉平衡。这种平衡较难获得，但比对称形式更含蓄、自由和微妙，可表达动态、变化和生机勃勃之感。非对称平衡更容易因地制宜，适应不同的功能、空间要求。现代设计师更喜欢均衡且不呆板的对称美。

（三）公共空间创意设计的韵律

韵律又称节奏，是表达动态感觉的重要手段。空间与时间要素的重复形成韵律。但这种重复不是一成不变的，而是有着渐变或母体的交替等变化，是相同、相似的因素有规律地循环出现，或按一定的规律变化。正如利用时间间隔使声音有规律地反复出现强弱、长短变化一样，韵律造成视线在时间上的运动，使人的心理情绪有序律动，这种律动能感受到节奏，或急促、或平缓，使空间充满动感和生机。过多的重复有可能导致呆板和单调，而过分复杂的韵律则会使空间显得杂乱无章。

项目四 公共空间创意设计数字化展示

随着数字技术的迅速发展，公共空间的创意设计日益受到重视。数字化展示策略为公共空间的设计和体验带来了新的可能性。公共空间作为人们日常生活的一部分，其设计直接影响着人们的情感体验和社会互动。而数字化技术的普及，使得公共空间的创意设计不再局限于传统的物理形态，而是可以通过数字化展示手段呈现出更加丰富多彩的内容。数字化展示策略将公共空间转化为了一个更具互动性和创意性的场所，提升了人们的参与感和归属感。

一、公共空间创意设计数字化展示的目标与策略

第一，增强体验感。通过数字化展示，公共空间可以呈现出多样化的内容，如艺术作品、历史故事、环保宣传等，从而丰富了人们在空间中的体验。例如，在一个购物中心的大屏幕上展示当地艺术家的作品，不仅提升了购物者的兴趣，还为艺术家提供了更广阔的展示平台。

第二，促进互动。数字化展示可以与观众互动，引导他们参与到空间中来。例如，一个城市广场可以设置互动式投影装置，让游客可以在地面上绘制图案，从而创造出一个独特的互动体验。这样的互动性有助于拉近人与空间之间的距离，促进社会交往。

第三，传递信息。数字化展示是传递信息的强大工具。政府可以通过数字屏幕向市民传达紧急信息或政府政策；商场可以通过数字广告板宣传特惠活动（图4-3）。这样不仅提高了信息的传递效率，也为公共空间带来了商业价值。

二、公共空间创意设计数字化展示的方法与实践

第一，投影技术。投影技术可以将图像或视频投影到建筑物、墙壁等平面上，创造出视觉震撼效果。在博物馆中，可以利用投影技术将历史场景还原，使观众身临其境。

第二，交互式装置。利用触摸屏、体感设备等，设计交互式装置，让观众可以自由探索内容。这种装置可以被应用于展览、教育活动等场合，提升观众的参与感。

第三，数字墙面。利用LED（发光二极管）屏幕或显示墙，可以在公共空间中展示图像、视频、文字等多媒体内容。这种方式尤其适用于广场、商场等高人流的区域。

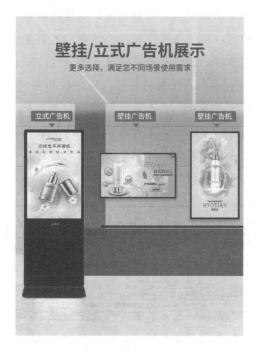

图 4-3　数字广告板

三、公共空间创意设计数字化展示的影响与展望

第一，创意文化的提升。数字化展示为艺术家、设计师提供了更大的创作空间，推动了创意文化的发展。公共空间的数字化展示将成为创意交流的平台，促进了文化多样性的传播。

第二，城市形象的塑造。通过数字化展示，城市可以打造独特的城市形象。这不仅仅是建筑和街道的物质呈现，还包括数字化空间的文化内涵。

第三，社会互动的促进。数字化展示策略能够鼓励人们积极参与公共空间，促进社会互动。例如，通过社交媒体平台，人们可以在公共空间中拍摄照片、录制视频，并分享给其他人，增强社会联系。

公共空间创意设计的数字化展示策略为现代社会带来了全新的设计理念和交互方式。通过数字技术，公共空间不再是静态的，而是变得更加丰富多彩、具有活力和互动性。数字化展示策略不仅丰富了人们的体验，也为城市形象的塑造、创意文化的发展以及社会互动的促进带来了积极的影响。随着技术的不断创新，数字化展示策略在公共空间创意设计中的应用前景将会更加广阔。

思政园地

公共空间的集体性质与公共性质就要求其设计应符合公众审美与服务需求。但设计师也容易在"求稳"的过程中造成公众审美疲劳。"标准化"是工程提高效率、降低成本的有效途径，但根据特定的需求、目标和环境，灵活地提供定制化的解决方案才是设计师的本职工作。那我们可以从多个角度开展公共空间的创意设计。

首先，我们可以通过多样的设计元素来创造有趣和富有变化的公共空间。比如，可以使用不同的材质、颜色和形状来区分不同的区域，增加空间的动感和层次感。另外，也可以运用景观、雕塑、艺术品等元素来营造独特的氛围和文化内涵。例如北京的798艺术区，这是工业区改建成的艺术区，里面有很多不同风格的艺术和文化机构。该区域的建筑以独特的钢筋混凝土结构为主，运用不同的材质和色彩作为装饰，创造出了一种独特的工业风格。同时，这个区域内还有很多公共艺术品和装置，为人们提供了更多的交流和创意互动的机会。

其次，考虑到当地文化和环境特色，将传统元素和本土元素融入到公共空间设计中。这样的设计可以为空间增添独特性和个性化，提供与其他地方不同的视觉体验，减少审美疲劳的可能性。例如上海1933老场坊曾经是一座充满历史纪念意义的食品加工厂，通过在保留原始建筑风格的基础上，融入了现代创意设计的元素。具有迷宫般的空间布局、独特的内部装饰、创意的艺术装置，为公众营造了一个充满创新和灵感的空间环境。通过融合了本土文化特色的公共空间，通过保护、改造和举办各种文化活动，为公众提供了一个与众不同的体验空间。它不仅展示了上海的历史和文化，也为文化创意产业的发展和本土文化的传承做出了贡献。

最后，在公共空间设计中，功能性和美学需要平衡。设计师应该根据公共空间的功能需求，合理安排各个区域的布局和功能，并综合考虑美学和审美效果。这样的创意设计能够兼顾功能性和美观性，减少审美疲劳的可能性。例如新世界集团打造的沈阳K11艺术博物馆型购物中心。在K11艺术概念商场的设计中，功能性被高度重视。商场内合理规划了各种商铺、餐厅和娱乐设施，满足了人们的日常购物和娱乐需求。同时，为了提升人们的艺术体验，商场融入了大量的艺术装置和展览空间，展示了当代艺术和设计作品。这些艺术元素丰富了商场的氛围，为人们带来的不仅仅是购物的体验，也是一个艺术的欣赏和创意的灵感空间。在美学方面，K11艺术概念商场以现代和前卫的设计风格为主。建筑外观采用了独特的造型和材料，营造一个引人注目的视觉效果。内部空间的布局和装饰也被精心设计，运用了创意的灯光、艺术装置、艺术品和自然元素等，营造出了一个充满艺术氛围和独特魅力的空间。

总的来说，公共空间创意设计为了应对审美疲劳，那我们就要注重创新、多样性和人性化的原则。通过注重当地文化特色、舒适性和功能美学的平衡，能够创造出引人入胜、有趣且与众不同的公共空间，从而提升人们的体验和满意度。

模块五

公共空间设计程序与数字化实践

项目一　城市公共空间设计及其物理环境

一、城市公共空间设计的体系

（一）城市公共空间的认知

1. 城市公共空间的内涵

（1）城市公共空间是一个空间体的概念，具有空间体的形态特征（如围合、界定、比例等），这使其与建筑实体区别开来。

（2）城市公共空间是一个公共场所。"公共性"决定了城市公共空间和市民及市民生活是相联系的，它要为城市中居民提供生活服务和社会交往的公共场所。当然，"公共性"还意味着利益和所有权上的共享，说明它是被法律和社会共识支持的。

（3）城市公共空间既是物质层面上的载体，又是与人类活动联系的载体，还是城市各种功能要素之间关系的载体。

（4）城市公共空间是"公共空间"和"城市"这个复杂体联系在一起的产物，这意味着它受城市多种因素的制约，要承载城市活动，执行城市功能，体现城市形象，反映城市问题等。

（5）公共空间具有多重目标和功能。

（6）公共空间同时又是空间资源和其他资源保护运动中的重要对象。

（7）城市公共空间在历史发展中，因城市功能的发展、市民生活内容的变化而变化。

城市公共空间是人类与自然进行物质、能量和信息交流的重要场所，也是城市形象的重要表现之处，被称为城市的"起居室"和"橱窗"。由于承担城市的复杂活动（政治、经济、文化）和多种功能，城市公共空间是城市生态和城市生活的重要载体。除与生态、文化、美学及其他各种与可持续发展的土地使用方式相一致的多种目标外，城市公共空间还是动态发展变化的。

2. 城市公共空间的作用

（1）城市公共空间是城市的生活舞台。人、社会生活和公共空间三者之间存在着紧密的联系。人是自然和文化世界的主体；社会生活包容了人与人、人与自然界、物质与观念、主观与客观之间的相互关系；而发展至今，公共空间已成为众多社会生活形式的基础之一。城市公共空间与市民之间存在着"人造空间，空间塑人"的关系，表现在城市居民对城市及公共空间产生的认同感。城市公共空间与社会生活两者有着相互依赖性，城市公共空间是社会生活的容器，社会生活又是城市公共空间的内容。同时，社会活动与城市公共空间之间还有互动。社会生活来源于人的各种需要，它的发展变化，最终导致对旧的空间概念的否定。因而社会生活是影响城市公共空间的活跃因素之一。空间的灵活和多样，也会促使社会生活向更新、更复杂的方向发展。

（2）城市公共空间是城市的魅力橱窗。许多有魅力的城市，不仅因为它们拥有许多优美的建筑，还因为它们拥有许多吸引人的外部空间。例如，意大利历史名城威尼斯、佛罗伦萨、小城锡耶纳；法国的巴黎；中国的北京、云南丽江古城、水城苏州。公共活动空间，在现代的城市环境、生活中也起着极其重要的作用，它为城市健康生活提供了不同于户内私密空间的开放的空间环境，同时，它也是创造宜人都市环境、体现城市风貌的重要场所，是"城市的橱窗"。

（3）城市公共空间与城市发展相关。不少城市空间是城市发展的历史积淀，记述着城市的起源、发展中的重大阶段和历史事件。中国古代城市的公共空间发展也曾达到过相当辉煌的水平。唐宋时期的"瓦子"（相当于今天的城市游乐空间和设施），就曾遍布城市。此外，一些地方城市的公共空间发展往往记录着它的历史起源。例如，云南省的丽江古城绕水而建，城市的公共空间也主要通过水系来组织，当地纳西族居民的祖先是从青海等地溯水迁徙而来，对水有着特殊的亲情。

总而言之，城市公共空间对于城市以及生活于其中的人都具有重要意义。因此，营造一套丰富而有序的城市公共空间，是城市现代化发展的需要。

3. 城市公共空间的类型

城市公共空间是城市中面向公众开放使用并进行各种活动的空间，主要包括山林、水系等自然环境，还包括街道、广场、公园、绿地等人工环境，以及建筑内部的公共空间类型。城市公共空间范围很广，具体的分类标准包含以下几方面。

（1）按自然与人工性质分类。按照自然与人工性质可以分为自然空间环境资源和人工空间环境资源。第一，自然空间环境，包括自然地理景观、河湖水系、山地、林带、绿地等，它们往往构成城市自然特色；第二，人工空间环境，包括广场、街道、公园、巷弄、庭院、休憩和娱乐设施，它们对城市的人文环境气氛的形成很重要。

（2）按用地性质分类。根据使用功能，城市公共空间分为：①居住用地。居住区内的公共服务设施用地和户外公共活动场地；②城市公共设施用地，主要是面向社会大众开放的文化、娱乐、商业、金融、体育、文物古迹、行政办公等公共场所；③道路、广场用地。广场、生活性街道、步行交通空间等；④绿地，城市公共绿地、小游园和城市公园等。

（3）按功能类别分类。可以根据公共空间在城市中的功能特征和使用现状，将城市公共空间划分为居住型、工作型、交通型和游憩型四大空间类别。第一，居住型公共空间包括社区中心、绿地、儿童游乐场、老年活动中心等；第二，工作型公共空间包括生产型（工业区公园、绿地）、工作型（市政广场、市民中心广场、商务中心广场）；第三，交通型公共空间包括城市入口（车站、码头、机场等）、交通枢纽（立交桥、过街天桥、地道）、道路节点（交通环岛、街心花园）、通行性空间（商业步行街、林荫道、湖滨路）；第四，游憩型公共空间包括休憩和健身（中央公园、绿地、度假中心、水上乐园）、商业娱乐（商业街、商业广场、娱乐中心）。

（4）按位置和地位分类。根据公共空间在城市总体结构中的位置和地位将其分为城市级、地区级、街区级公共空间，它们构成城市公共空间系统网络的一种基本模式。第一，城市级如全市性的商业服务和文化娱乐中心、体育中心、城市广场、城市公园绿地等；第二，地区级如地区性的商业和文化娱乐设施、广场、公园绿地等；第三，街区级如居住区公共中心、户外公共活动场地等。

此外，还可以根据用途的不同、所有权和使用权限的不同、使用评价和运行效果和人们的欢迎程度等来划分。

（二）城市公共空间设计的特征

1. 城市公共空间的功能性特征

功能是一事物在同其他事物相互关系中表现出来的作用和能力。从事物与人的关系方面而言，功能是事物满足人类需求的能力，事物通过功能表现其价值。公共空间是具有多种功能的空间，它应该满足多主体的复杂需求。人的各种需求分为五个层次，即生理需求、安全需求、爱与归属的需求、自尊需求、自我实现的需求。为了满足这些需求，人类需要有目的地改变环境，公共空间就是为了满足这些需求而创造的。公共空间设计应该能够提供与各种需求相对应的功能。

（1）城市公共空间应满足生理需求。公共空间设计应该尽可能地保留和利用生态系统服务所能提供的产品功能，同时，通过必要的商业空间和基础设施的设计，满足人们各种最基本的生理需求。例如，人们在广场、街道、公园、滨水区等空间活动时，需要有座椅供休息，需要树木以遮阴，需要屋檐或凉亭等避雨场所，需要店铺或售货亭提供餐饮，还需要厕所等基础设施以应急需。公共空间设计必须充分考虑到这些最基本的需求，否则，其他更高层次的需求就无从谈起。

（2）城市公共空间应满足安全需求。作为一个有机体，人体具有本能的追求安全的机制，人体复杂的感受器、效应器官和应对外界刺激的条件反射等反应机制，甚至人类创造的物质文明、社会体系、行为交往方式等都与满足安全的需要相联系。从城市诞生的时候起，它的一个重要功能就是防卫。城市的安全性涉及对外防御，也关乎市民在城市内部空间使用过程中的安全。在应对地震、水灾等其他紧急事件的时候，公共空间如何发挥保障市民人身和财产安全，也是城市设计者应该考虑的问题。

（3）城市公共空间应满足爱与归属的需求。爱与归属的需求主要包括：第一，友爱的需要，即人人都需要保持伙伴之间、同事之间融洽的关系，希望得到友谊和忠诚，人人都希望得到爱情，希望爱别人，也渴望被别人爱；第二，归属和身份认同的需要，作为社会人，每个个体都有一种归属于一个群体的需要，他希望成为群体中的一员，相互关心和照顾。爱与归属的需要比生理上的需要更微妙和复杂，它和人的生理状况、经历、教育、信仰等都有关系。

城市公共空间应该能够唤起人们的爱和认同，这种感情基于空间形式的美好，更基于一种场所精神，空间所体现的鲜明地方特色、文化传统、民族风格等性格特征能够使属于特定文化的人得到共鸣。在这样的场所中，人们会体验到自己属于周边的环境，也属于场所中的人群，不但其个体爱的欲望有所寄托，而且，在与其他人的交往中，每个人都不再是孤立无助的。为了提供归属感，公共空间设计应该尊重场所精神，并在具体的设计中通过对空间尺度、材料、色彩、比例、细部、装饰等具体设计要素的运用营造这样的场所。

（4）城市公共空间应满足尊重的需求。大多数人都希望自己有体面的社会地位，希望个人的能力和成就得到社会的认可。尊重的需要分为内部尊重和外部尊重。内部尊重是指人能保持自尊，对自己充满信心；外部尊重是指人希望获得社会地位，受到他人的尊重和信赖。对尊重的需求使人类社会获得一种强大的激励机制，内在的动力促使人们追求自身价值的实现，也推动着社会的和谐与发展。人是占有城市公共空间的主体，公共空间的设计应该充分考虑到人们对尊重的需求，处处体现设计的人性化原则。在物质文明高度发达的当代社会，城市公共空间的设计不应该成为权力和金钱狂欢的场所，每一个普通人的人性尊严都应该无差别地得到充分尊重。设计师应该关注空间物质形态的设计，但更重要的是关注人的生理、心理、精神诸层面的需要。

人性化城市公共空间设计原则主要包括：①研究人在空间中的行为特征，满足广大市民的需求和爱好；②以"人的尺度"为空间的基本标尺，创造富有亲切感和人情味的空间形象；③突出个性和特色，展现特定地域的文化，营造居民的认同感和归属感。

（5）城市公共空间应满足自我实现的需求。人的自我实现不是空洞和虚幻的，它可以表现为人们自信地与他人交往，得到尊重和认同，也可以表现为戏剧式行动，人们在公众面前公开表现自己，赢得公众的喝彩和掌声，还可以表现在通过交往行动向他人传达自己的思想，实现个人的意志和理想。城市公共空间为高层次的自我实现提供了必要的场所。

2. 城市公共空间的公共性特征

空间的形态不只是形式或美学方面的问题，它与公共性密切相关。满足公共空间功能要求的具体方式直接体现了空间的社会性，公共空间能提供的基本社会功能有交通、贸易、休闲、交往、集会、仪式等。以广场为例，如果没有公共活动，即使同样被建筑物围合，也经过硬质铺装，这样的空间只能叫作庭院，它多为私人所有和使用，而不是公共空间。

以公众为使用主体的公共空间更应该注意公众参与，因为，公共空间是不同利益主体共同使用的空间，他们对空间的需求经常会有矛盾，部分群体对公共空间的使用有可能会造成对其他群体的妨碍，而这些公共活动中的冲突往往是由空间设计造成的。公共空间设计应该尽可能地排除危害公众利益和安全的因素，并在此基础上面向不同的人群开放。只有在专业设计人员的指导下，通过公众参与，在各主体间展开博弈，协调各种需求，消除矛盾，才能保证空间设计的合理性、灵活性和多样性，并最终保证公共空间的公共性。

公众参与的主体具有各自的利益，他们参与的过程就成了博弈的过程，博弈的结果可能是共赢，但更可能是某些利益相关方被迫妥协，出让自己的权益；参与主体的信息不对等、社会地位高低不同、知识水平差异、生理缺陷等方面的不平衡一般都会造成弱势群体的利益无法得到保障；一些未来的潜在用户可能被忽略，他们的需要一旦提出，就可能出现新的矛盾；更有一些利益主体连对自己的需求和利益都不具有明确的认识，当然就更难以有效地参与到决策过程中。因此，专业人员的主导和公众参与是保证决策过程公开性、公共利益分享的公正性、公共空间的公共性的重要环节。

3. 城市公共空间的可达性特征

城市公共空间可达性可以从宏观和微观两个方面来理解：宏观上指从原地克服各种阻力到达目的地的相对或绝对难易程度；微观上指空间本身使人们在交通上顺畅、安全、方便、易于接近。可达性的实现需要空间具有有效的导向系统或明确的视觉特征，向公众明确传达是否允许或欢迎进入场地的信息，模糊不清的空间特征往往会使人无所适从。城市标识系统的设计在保证空间的可达性方面也起着非常重要的作用，那些由城市规划和城市设计造成的可达性差的问题，可以在一定程度上通过标识系统的设计加以解决。增强可达性可以提高公众对城市公共空间的使用率，促进公共交往，加强空间的公共性。因此，可达性是衡量城市公共空间设计成功与否的重要指标。

4. 城市公共空间的生态性特征

随着生态思想的普及，人们对城市公共空间的生态价值有了更充分的认识，公共空间设计中的生态问题不再是被轻易忽视的问题，生态设计、绿色设计的概念日益成为许多设计师的有意识追求。生态设计是一种与可持续发展相联系的设计理念，很多人已经把是否"生态"作为评价设计的一个标准。

生态设计主张适应自然的过程，主张最小化地扰动自然，主张使用本土材料和技术，主张尊重传统文化和乡土知识，主张表达空间的地方特色和场所精神。因此，生态设计的理念应该是一种能最大限度地尊重自然、尊重人类文化的理念。由于生态设计主张尊重人类生产生活过程中在大地上留下的印迹，主张保留和呈现自然系统及其过程所具有的美感，主张通过空间的设计表达人对自然的理解，这一理念并不反对在培养公众环境意识的同时，满足人们的美学追求。城市规划作为一种具有计划性质的工作，主要着眼于宏观尺度上的物质环境，涉及城市的经济、社会发展、土地利用、空间布局、工程建设等方面，这些方面的规划对生态系统的影响往往很大。人们需要建筑、硬质铺装、公共设施，也需要"艺术化的生存"。

5. 城市公共空间的艺术性特征

公共空间的艺术性体现在两个方面：一方面是空间本身的艺术性；另一方面是空间中所容纳的艺术作品或艺术活动赋予空间的艺术性。空间本身的艺术性体现在空间的组织及其形态上。人对空间的感知是在时间和运动中获得的，这种空间的艺术是在时间中展开的。不同的速度、不同的关注点、不同的节奏、不同的介入程度都会影响人们对空间的体验，而城市公共空间的设计很大程度上是对这些丰富体验的安排和设计。例如，就运动的速度而言，在步行中，人们有足够的时间体验丰富的细节，而且这些细节不仅仅诉诸视觉，人的所有感官可以体验到来自空间的刺激；而在汽车上，由于速度的提高，大量细节被忽略掉了，人们体验到另外一种空间变化的节奏，视像有某种频闪的效果，同时，空间序列的线性特征被强化，运动的路径也成为一种能提供感官体验甚至审美体验的资源。

城市公共空间是容纳大量艺术作品和艺术活动的地方，除了空间本身的艺术魅力，这些艺术作品和艺术活动也使城市平添了更深厚的文化底蕴和更浓烈的艺术气息。城市不仅是市民生活的"容器"，也是艺术作品和艺术活动的"容器"。

（三）城市公共空间设计的要素

1. 城市公共空间要素的类型

城市广场、街道、公园等公共空间是城市中由地面、建筑、栏杆、植物、水体等界面限定或围合的公共空间，它们与周边建筑的室内空间互相渗透、互为补充，共同容纳市民的城市生活。城市公共空间设计如图5-1所示。

图5-1 城市公共空间设计

公共空间是由诸多物质性要素构成的，但一个孤立的要素或几种要素单纯的组合并不必然地构成公共空间，只有当这些要素处于整体关系中，每一种要素作为空间整体中不可分割的组成部分发挥作用时，它们才会构成完整的空间。按照空间要素的形态，可以分为以面状为主的基面要素、围护面要素和以线状或点状为主的公共设施与公共艺术要素，这种划分是对公共空间在物质层面上的分类。

从更宏观的角度而言，公共空间还可看作是由自然要素、人工要素和社会要素构成的。其中，自然要素包括地形、气候、水文、地质、植被、空气、日照等；人工要素包括建筑、铺装、人工植被、市政设施、公共艺术作品等；社会要素则包括政治制度、经济、民族、地方文化、风尚、传统、人口构成、人口素质、人际关系等。社会要素虽然是非物质性的，要通过自然要素和人工要素得以体现，还受自然要素和人工要素的约束和影响，但是，社会要素在公共空间中是决定空间形态的最具能动性的因素。人的动机和价值观往往是改变自然要素与人工要素的决定性力量，而自然要素虽然制约或决定着人工要素与社会要素，却很少能直接改变公共空间形态，除非有自然灾害等极端的情况发生。

2. 城市公共空间的基面要素

基面要素主要指在水平面上确定空间范围和形态的城市广场、停车场、街道、绿地、运动场地、水面、游乐场地等，它是城市公共空间的底界面。基面要素除了直接提供大部分显而易见的实用功能，如集会、娱乐、游憩、交通、购物以外，还能通过其形式的设计，如空间、色彩、材质的变化，形成视觉上明确的分区，对人的活动进行引导和调节。很多城市的道路就是依靠铺地材料的选择来调节人行或车行的速度，这些手段比强制性方式更有效，也更易于接受。与此同时，基面形式的设计还可能诱发各种创造性的活动。除了对人们行为的调节和诱导，基面要素设计对于公共空间的艺术性而言也是不容忽视的一个方面。对基面的处理能够有效地调节空间的尺度感，创造各种艺术效果，营造场地气氛。基面对空间的限定主要包含以下几方面。

(1) 设置限定。设置限定是指在一个均质的空间上设置一个标志物，空间就会向这个物体聚集，形成有一定意义的场所。该物体就形成一个中心，限定了周围的空间。空间就不再是均质的了，从中心向四周，物体的限定性逐渐减弱。

(2) 围合限定。围合限定是指在竖向上限定空间的方式，区别于围护面要素的围合方式，基面上的围合封闭性较弱。

(3) 覆盖限定。覆盖限定是指在空间上部加以遮盖，从而限定遮盖物下部的空间。遮盖物可实可虚，形成不同的开放效果。一旦顶部和四周都有很强的限定性，空间成为室内空间。一些空间由于界面围护介于虚实之间或室内外之间，这样的空间就成为"灰空间"，如一些城市常见的过街楼下的空间就是由于上部的遮盖形成的。

(4) 抬高限定。抬高限定是指通过基面的变化使抬高的空间得到突出，被抬高的空间往往成为主导性空间，在这种空间中再使用设置限定的方法，就能形成空间中的标志物。西方巴洛克风格的城市空间中就常常在重要的节点设置高大的基座，上面放置纪念性雕塑，点明空间主题。

（5）倾斜限定。倾斜限定即基面的倾斜，这种手法既可以限定空间，又可以在不同的空间之间形成联系和过渡关系，它的运用往往是为了能结合场地现有的地形特征，有时也是出于某种意图而进行的艺术处理。

（6）下沉限定。下沉限定通过基面标高的降低使局部空间从周围空间中独立出来，这种空间处理方式由于在可达性、安全性、维护以及卫生等方面容易产生一些问题，应该慎重使用。

（7）变化限定。变化限定是通过某种变化对空间进行限定，基面可以处理成平地、坡地、台阶，还可以有铺地材质、肌理、色彩的变化，给人丰富的视觉和触觉感受。在这方面，许多大地艺术家的实践具有很大的启发作用。

3. 城市公共空间的公共设施要素

公共设施与公共艺术要素的体量，与基面要素、围护面要素相比要小，它们种类繁多，形态丰富。由于近人的尺度和实用的功能及感人的艺术效果，这些要素与使用者的关系最为密切。好的公共设施与公共艺术作品能最直接地体现空间设计的人性化。城市公共空间中的设施是为居民提供生产、生活等方面公共服务的工程设施，它是公共空间得以正常运转的基本条件。公共设施是一种系统工程，它主要包括休闲服务设施、交通设施、信息设施、照明设施、卫生设施、安全设施、无障碍设施等类别。

不同地区、不同历史时期、不同的生产力发展水平、不同的科学技术水平以及不同的文化对城市公共设施有不同的要求。同时，公共设施与城市空间的自然条件，如土地、水体、气候、植被等有密切联系，它受自然条件的制约，建设和改造公共设施时，必须合理地利用自然资源，结合生态基础设施的建设，尊重和保护生态环境。公共设施大多是固定或相对固定的，甚至是永久性的，它们供公众长期使用，不容易经常更新，更不能随意拆除、废弃。作为一种高成本的公共产品，公共设施建设和维护的开支主要依靠税收。加强与完善监督机制和公众参与，是保证公共设施真正合理有效地取之于民、用之于民的一条重要途径。况且，很多公共设施是前人留下的历史遗产，随着时间的流逝，它们已经被作为珍贵的文物看待。

公共设施的设计除了要兼顾功能、技术、经济等方面，还应当尽可能地考虑其外观的设计，使之易于被公众接受。一些设施的功能可以巧妙地集合在一起，把一种外观较差的设施隐藏在另一种更美观的设施中。还可以借鉴雕塑和装置艺术等手法，把原本丑陋的设施改造成有趣的公共艺术作品，使之自然地融合于空间中。

（四）城市公共空间设计的策略

1. 从场地出发的设计策略

（1）从场地需求出发的设计策略。从场地需求出发寻找空间形式目前是一种被比较广泛地认同并采用的方法。场地需求包括自然和人文两大方面，自然是场地自然条件对设计的制约，人文是主体对场地多方面的需求，二者共同对设计提出要求。其中，自然又可以分为生物和非生物两大类别，人文即与场地相关主体的需求，公众的活动和交往使城市公共空间的公共性得以体现，满足各种交往的需求就成为公共空间应具备的基本功能。此外，公众对于空间在实用性方面也有多种多样的需求。从场地需求出发的设计方法，应该对这些方面加以综合考虑。

从场地本身对设计的制约方面而言，城市公共空间往往要涉及地形、地质、土壤、植被、水体等方面的因素，这些因素一方面对设计造成制约，违背自然规律的设计必然要付出昂贵的代价；另一方面，这些所谓的制约又能成为设计灵感的来源。现有的场地条件已经为设计提供了初始的形式，任何设计实际上都只不过是在现有空间形式上加以不同程度的改变而已。

从主体需求方面而言，不同的人群具有不同的需求。要确定复杂的需求，就要对场地上及场地周边，乃至远离场地但有可能成为场地使用者的人群加以分类研究。主体的需求实际上就是主体对公共空间功能方面的要求，它包括物质上的实用功能，也包括精神方面的需求，还有很多种对主体需求层次的划分方法，如把需求消费分为功能性需求、社会性需求、情感需求、知识需求、偶发性需求。如果把公共空间看作公共消费的对象，即公共产品，那么，这种划分方式是可以参考的。还有一种比较常用的分类方法，就是从功能、美学、经济、生态等方面分别研究主题需求。在每一个大类下面，可以再细分出次一级的类别。

每个个体的需求都是不一样的，这些需求也是可以无限制地细分的。需求始终在变化，就连使用者本身也是一个动态的存在。由于公共空间的复杂性，只有一个层级的分类是很少见的，在一个层级的需求下面，还会有一定的子需求，这种细分从理论上讲可以是无穷的。这时，分类的细化程度要根据设计师的需要和能力来确定。不同的主体会对设计提出不同的要求，而这些要求往往是互相矛盾的。在设计中的许多决定往往就是某些利益相关方意愿的体现。研究主体需求的目的是要通过设计师的设计和决策、多主体之间的博弈以及公众参与等手段，力求在各主体之间取得最大化的平衡，减少任何一方对其他主体造成侵害，特别是要极力消除潜在的犯罪行为以及其他安全隐患，最终体现公共空间的公共性属性。

满足复杂多元需求的方式也并非针对每一项需求分别做出设计，而是要使空间和设施具有通用性，尽可能满足设计师想到的和没有想到的所有公众需求，在各种相互矛盾的需求之间取得协调，并通过富有创造性和启发性的空间形式唤起潜在的功能，激发新的需求，为公众创造性地使用空间提供机会，从而赋予公共空间活力。

就具体的场地而言，了解场地需求最直接的方法就是实地调查，获取第一手的数据和信息。目前，行业内已经积累了很多获取数据和信息的方法和技术，如针对场地本身的地形地物测绘、现场拍照、成本分析法、航空摄影、航天遥感影像获取、数据库应用，以及针对场地使用者或潜在使用者的问卷调查法、特尔斐法、访谈法、人种志法、政策分析法等。

场地调查完成后，就会进入对数据的研究和分析阶段。分析就是把问题分解，按照不同的问题类别进行研究。根据分析的结果，得出对于场地现状的评价，进而，针对评价结果提出改变场地的设想。在数据获取和分析阶段，会用到文字、数据、图解、地图等手段，这些手段主要被用于对场地的研究，并不过多涉及空间形式的创造。

在程序方面，从场地需求出发的方法，把形式生成放在前期研究之后，而那种一开始就着手进行形式设计的方法被认为是一种冒险。设计不仅是对客观事实的描述和研究，更是一种主观预想的解决方案和客观存在的事实之间相互作用的辩证过程，是改变客观现状并创造新空间形式的过程，设计基于设计师对于事实"是怎样的"以及事实"应该怎样的"意识缺一不可。换言之，设计不是一个纯粹客观的过程，主观因素总是在起作用，并且这种作用往往是巨大的。

（2）从场地要素出发的设计策略。场地要素不仅是保证公共生活得以进行的物质条件，也是公共空间设计的重要内容，同时，从场地要素出发的设计还是一种很重要的设计方法。从场地要素出发的设计策略是一种先分析再归纳的方法，即先把整体的场地分解成基本元素，分别加以分析和设计，再把它们整合到一起，以得到一个完整的设计方案，也就是先分析再综合的方法。把整体的场地分解为要素，就需要对这些要素进行分类。分类的方法有许多，其中广泛采用的方法是把城市意象分解为道路、边界、区域、节点、标志物五大元素，这种分类方式对于城市公共空间设计以及更大范围的城市设计都是适用的。

还有一种更加"还原主义"的要素分类方式，即把场地上形形色色的物质要素分成点、线、面、体等基本的、抽象的几何元素，再引进数量、位置、方向、方位、密度、颜色、时间、光线、尺寸、间隔、视觉力等变量，对这些要素进行改变或组织，以获得新的景观形式。把基本的形式要素看作视觉的"同汇"，空间形式被看作一种语言，其具体设计过程是先把现有场地还原成基本的视觉"同汇"，并对它们进行分析，之后再结合功能方面的考虑，从场地的多个可能的方面寻求设计的灵感，这种方法试图在功能、美学、成本等方面取得平衡，是对形式的主动寻找，而不是期待它们从功能分析中自动产生。

虽然从场地需求出发和从要素出发的设计策略中都存在分析和归纳的过程，但是，从场地需求出发针对的是场地需求和功能，从要素出发则直接切入形式的设计。如果说前者的思想基础主要是"形式追随功能"观念，那么后者的依据则主要是还原主义理念。公共空间设计不能停留在抽象的、非物质性的几何形状上，而是需要借助具体的物质要素去实现。设计师从场地提炼要素并抽象为几何形式，经过对几何形式的重新组织，然后，还要反过来把抽象的几何形式再转换为物质性的空间形式要素。被分解和还原的元素无论这些元素被还原到什么程度必须重新构成一个整体。这个过程就是一个从个别到一般的归纳过程。

与从场地需求出发的设计方式不同，从场地要素入手进行设计更多依赖草图的绘制，而不是文字和数据。在设计开始阶段，现场的写生往往是最重要的步骤。尽管照相机在这时可以作为一种辅助工具，但是，由于照相机在选择、提炼和取舍等方面不如绘画那样具有无限的灵活性和能动性，对于主观感受的表达方面更是远不及绘画，那种认为相机可以取代纸笔的观点是难以成立的。

　　与画家的写生不同，设计师的写生不以获得完美作品为目的，它更多的是一种研究，而不是艺术表现。画面虽然具有很高的艺术性，但是，只要能够有效地捕捉场地要素以及设计师对场地的感受，只要足以满足设计的需要，那些谈不上艺术性的写生也是无可非议的。

　　由于现场写生不需要经过太多的言语思维，写生的成果是形象的画面，从写生画面到设计草图的转换就很直接。因此，形式对于场地的需求不存在一种确定性的追随关系，不存在一个功能决定论者预设的所谓标准答案。由于要素的丰富性以及设计师判断的主观性，这种方法蕴含的形式生成的可能性是无限的。场地独有的个性始终得到关注，这样得到的形式往往会比较成功地体现文脉和场所精神。

　　从场地要素开始的公共空间形式创造可能有三个取向：第一，从要素的角度寻找场地上存在的问题，并有针对性地加以解决，更偏重实证性研究；第二，把场地现有要素作为设计灵感和形式母题的来源，发现设计概念，并借助空间形式语言实现概念，带有更多的主观性；第三，从场所精神出发的设计策略，场地的整体氛围和精神不是一种虚幻的东西，虽然有时候它很难用语言表达出来，人们往往还是会被一种莫名的东西打动，那种体验可能很朦胧，也可能很真切。场所的性格和特征是其精神的外在体现，它来自场地与天地四方的关系，也来自历史的积淀。对于公共空间而言，如果一个空间能够为公众带来精神上的认同，使人们获得归属感，甚至领悟到存在的意义，那么，这个空间就不再是纯粹的物质空间，它是有魅力的、有生命的"场所"，只有在这样的场所中，人才能够"诗意地栖居"。

　　优秀的公共空间设计应该是场所的设计，是以体验场所精神为立足点，以营造场所为终极追求的设计。一方面，从客观角度而言，形式在设计之前早就蕴藏在场地中，设计师的使命就是体验场地的精神，找到那本就属于特定场地的形式，这种体验和寻找不应在所有功能需求都得到分析和解决之后，而是应该在设计的一开始；另一方面，从主观角度而言，在着手设计草图之前，空间形式其实早就潜在地存在于设计师的设计思想中，设计师对于方案的寻找发生在场地上，也发生在自己的思想中，设计的过程就是设计思想的具体化和自然流露。

　　主题设计是试图在特定的阶段把需求整合进形式中，形式不追随需求，但是要满足需求。在初步获得符合设计概念和主题的形式之后，便要开始考虑复杂需求。这时，不可避免地会产生形式同需求的冲突，形式必须加以调整，这就需要在不丧失场所精神和满足功能需求之间取得平衡。经过需求与形式的互相适应，形式进一步完善，并获得功能上的合理性。由于不同的形式同需求发生冲突的方式不同，二者取得平衡的方式也会千差万别，不同的矛盾需要不同的解决方案，最后得到的形式就可能是多种多样的。把场所精神作为设计的起点和追求，不但可以避免沉迷于无意义的形式游戏，还有可能通过形式的创造使场地独有的本质和特征被更明确地呈现出来。

2. 从场地之外出发的设计策略

除了可以从具体的场地进行城市公共空间的设计，场地外各种因素都有可能成为设计灵感的来源和形式生成的出发点。如果功能决定论是基于一种单向思维，那么艺术创造则是基于一种多元思维，它对于无限的可能性保持开放，万事万物都可能是艺术创造的源泉，公共空间设计就是这样一种具有无限可能性的艺术创造活动。"创造逻辑"不仅是对艺术的误解，也是对科学的误解，在科学中和在艺术中一样，根本就不存在什么创造逻辑，每一个发现都含有非理性因素或创造性直觉。

绘画、建筑、雕塑、音乐等艺术形式与城市空间的设计一直有着千丝万缕的联系。艺术对城市的影响是多方面的，除了在观念、风格、表现手法等方面被设计师所关注和借鉴，还有些公共空间设计的形式就直接来自于艺术作品。在公共空间设计中，生态学的作用不仅体现在技术上，许多设计作品的灵感和形式也直接来源于生态理念。从自然界发现形式并转换为空间语言，在人类生态意识空前觉醒的如今，已经是如此常见的现象。当然，这种对于自然形式的直接搬用和模仿不见得和生态学有何种关系，它只是又一次证明，大自然永远是艺术创作的源泉。

此外，一些不可预料的因素，随时随地都可能进入设计师的思想，碰撞出灵感的火花。无论是场地内还是场地外的因素，也无论是和公共空间设计直接相关的因素，还是看上去根本无关的事物，都有可能成为公共空间形式的出发点，这就是艺术具有无穷创造力的明证，这些设计能够超越时间和空间，连接过去和未来。

3. 形式叠加与拟合的设计策略

每一种设计方法都有所侧重，有所专长，也有所欠缺。如果各种方法能够互相借鉴，互相弥补，就可能比单纯使用一种方法更有效地保证设计质量。事实上，也很少有设计师严格按照某种单一模式进行设计。每个设计过程都会有偶然性，都会有一些事情是无法预料的，在猜想与反驳的过程中，没有严格的逻辑，设计的过程往往是带有探索甚至冒险性质的创造过程。有多少设计师，有多少设计方案，就会有多少具体的设计过程和方法，它们可以按照某种标准大致归类，但又总是存在特殊性。在具体实践中，没有纯粹理性或感性的方法，没有哪一种方法是严格排他的方法。每个具体的设计实践都会在不同的阶段不同程度地引入第二种甚至更多种方法。

各种设计方法之间的试错具体体现在形式上，而不是像在科学研究中那样更多地表现为抽象的数据和公式。所以，只有把这些形式放在一起，通过它们的错误纠正，即试错，才是可能的。虽然针对不同方面的问题可以得到不同的图纸，如功能分区图、绿地系统分析图、道路系统分析图等，用不同的方法或基于不同构思也可以得到不同的空间形式；但是，因为这些图纸都是针对同一个场地，把它们叠加在一起就成为最方便的空间形式拟合手段。

在公共空间设计中，把图层作为分析的工具进行叠加的必要性主要包括以下几项。第一，由于设计中要解决的问题相当复杂，只有针对每一类问题分层绘制草图，让每一层传达有限的信息，才易于把每个问题分别进行较充分的表达，并能够避免大量信息之间的相互干扰，从而使这些草图具有较强的可读性；第二，只有经过叠加，各个层次产生空间上的对应，它们之间的关系才能被揭示出来；第三，只有通过叠加拟合，各方面的问题才能纳入一个整体的系统，并最终得到综合的解决方案。

在各种方法之间引入叠加手段，把通过每一种方法得到的草图作为一种假定性的图式，各种图式叠加后互相修正，形成方法间的试错机制，就可以弥补每种方法的缺陷，避免失败和错误。按照"图式加矫正"理论归纳的设计过程模型中。首先，从不同出发点会得到不同的初始图式；其次，"形式操作""形式合成""形式与需求的拟合""对形式要素的组织和重构"或"用意象图式呈现场所体验或场所精神"等步骤就是在各种方法内部对初始图式的矫正，经过矫正过程得到修正图式；再次，对修正图式的叠加是各种方法间的试错，但它并非对所有方法的整合。因为，在每一个具体设计案例中采用所有设计方法是不太现实的，叠加是有选择性的，如何选择取决于设计师的方法论立场和具体项目的实际要求；最后，还可以在设计的某一阶段引入不同专业人员的合作，让不同专业和不同立场互相矫正，排除错误，这也是一种常见的综合解决复杂设计问题的策略。

4. 从图式出发的设计策略

（1）从几何图式出发的策略。设计经常被看作一种独特的语言系统，语言学理论对于设计理论影响很大。在人类的语言中，那些最基本的、有限的词语和语法可以生成无穷多的句子。像语言一样，空间也有自己的基本"同汇"和语法，它们可以独立地生成无限的空间形式。如果语言中最基本的词语是文字符号，那么，建筑、景观、城市公共空间等设计专业以及造型艺术中形式的"词语"则是最基本的几何图形。古希腊早就把比例与美联系起来，美学中极为重要的"黄金分割律"就是用长方形的长宽比来描述的。从某种意义而言，黄金分割奠定了西方古典美学的基础。

（2）从原型图式出发的策略。虽然由几何图式出发的逻辑生成方式是历史的产物，但是，抽象的几何图式仍然可以被当作不包含历史文化信息的纯粹形式语言来研究。除此之外，还有一种图式是历史文化信息的载体，并作为永恒不变的内核存在于无数变体中，这个内核叫"原型"。原型主要指构成集体无意识的基本要素，用于描述人类的人格结构和文化心理，后来提出的原型概念则偏重描述认知过程和创造心理。两种原型概念非常相似。原型概念在城市设计和建筑设计领域的使用是从 20 世纪 50 年代末开始的。不同时代和地域的城市和建筑形式都是对原型独特的、个别的阐释。对原型的运用就好比对数学公式的应用，万变不离其宗，原型是各种形态变体背后不变的核心。让原型理论进一步完善的是建筑类型学理论，包括从历史中寻找原型的新理性主义、建筑类型学和从地域中寻找原型的新地域主义建筑类型学。类型被认为是一切形式的源头，最基本的类型确立了具有普遍性的原则，简单的类型蕴含着无数种变化的可能性。

（五）城市公共空间设计的范围

1. 城市公共空间的装修设计

"城市的公共空间是记录历史，特别是城市发展史、城市文化，以及塑造城市文化形象特征、引发集体记忆的空间，是充满都市韵味与时尚气息的重要场所，是集休闲、娱乐于一体的空间形态。"[①] 城市公共空间装修设计主要是针对空间的建筑构件，包括对顶面、墙面、地面以及对空间进行重新分隔与限定的实体和半实体界面的设计处理，这些界面的色彩、质地、图案会影响人们对室内空间的大小、比例、方向等方面的感受，是形成空间的趣味、风格和整体气氛的重要因素。

顶面在装修设计中又称为吊顶。吊顶工程是装修施工中十分重要的组成部分，建筑装饰各种规范、标准对装修限制不断强化，如很多场合下要采用防水材料，公共建筑要求采用不燃耐火和防火材料，而室内吊顶材料的防火要求更加严格。与此同时，室内装修防火施工方法也不断涌现和成熟，如通过改变基层材料与饰面材料的不同组合，防火材料的防火性能也就不一样。

公共空间装饰是对建筑空间作进一步分隔与完善的过程，是建筑设计的深入和发展。由于使用功能的需要，公共空间装饰在建筑设计的基础上，对建筑空间进一步细致地划分。隔墙和隔断工程设计施工是完成这一目的的重要手段和方法。隔墙和隔断一般分为固定隔断和活动隔断（可装拆式、推拉式和折叠式）。隔墙和隔断的种类很多，根据其构造方式，可分为砌块式、立筋式和板材式；按材料的不同，可分为木质隔断、玻璃隔断、石膏板隔断、铝合金隔断、塑料隔断等。

楼地面不仅是装饰面，也是人们进行活动和陈设器具的水平界面。楼地面与天花板共同组成了公共空间的上下水平要素，还要具有各种抗侵蚀和耐腐性。按照不同功能的使用要求，地面还应具有耐污、防潮、防水、易于清扫的特点。有特殊要求的公共空间，还要有一定的隔声、吸声功能并且有弹性、保温和阻燃等功能。

2. 城市公共空间的材质设计

公共空间界面的材料与线、形、色等空间要素一起传达信息，如空间内的家具、设备，使用材料的质地对人引起的质感就显得格外重要。材料的质感在视觉和触觉上同时反映出来，因此，在空间质感环境设计中应充分利用人的感觉特性。公共空间的装修材料种类繁多，按照装修行业的习惯大致上可以分为主料和辅料两大类。主料通常指的是那些装修中大面积使用的材料，如木地板、墙地砖、石材、墙纸和整体橱柜、洁具、卫浴设备等；辅料可以理解为除了主料外的所有材料，辅料范围很广，包

---

① 马书文. 城市公共空间设计探析 [J]. 城市建筑，2021，18（7）：145-147，156.

括水泥、砂子、板材等。

　　3. 城市公共空间的色彩设计

　　色彩是空间语言中重要且最具表现力的要素之一。当谈及色彩时，并不只是指视觉现象的一个特殊的方面，而是指一个专门的知识体系。

　　（1）色彩的对比是指色彩之间存在的矛盾。各种色彩在构图中的面积、形状、位置和色相、纯度、明度以及对人们心理刺激的差别构成了色彩之间的对比，这种差别越大，对比效果就越明显，缩小或减弱这种对比效果就趋于缓和。

　　（2）色彩调和的主旨在于追求悦目、和谐的色彩组合，使之规律化。但是色彩的调和规律并非一成不变，因此难以笼统地断言哪种色彩调和最美、效果最明显。就这一意义而论，可以说色彩调和只是一般规定色彩之间协调规律的方法，是色彩之间协调的理论基础。

　　（3）色彩的特性分为色彩的冷暖和质量。人对色彩的冷暖感觉基本取决于色调，所以按暖色系、冷色系、中色系的分类划分法比较妥当。色彩性质对空间亦有很大的影响，如浅色的空间给人明朗、轻快、扩充的感觉；深色空间则给人沉着、稳重、收缩的感觉。

　　空间中色彩的知觉效应分为距离感、空间感、尺度感、混合感、明暗感。色彩的距离感，以色相和明度影响最大，一般高明度的暖色系色彩感觉突出、扩大，称为凸出色或近感色；低明度冷色系色彩感觉后退、缩小，称为后退色或远感色。有色系的色刺激，特别是色彩的对比作用，使感受者产生立体的空间知觉，如远近感、进退感。在室内空间环境不变的情况下，若改变空间色彩，结果发现冷色系、高明度、低彩度的空间显得开放。因受色彩冷暖感、距离感、色相、明度、彩度对空气穿透能力及背景色的制约，会产生色彩膨胀与收缩的色视觉心理效应，即尺度感。将两种不同色彩交错均匀布置时，从远处看去，呈现这两种色的混合感觉。在建筑色彩设计中，要考虑远近相宜的色彩组合。色彩在照度高的地方，明度升高，彩度增强，而在照度低的地方，则明度感觉随着色彩的变化而变化。

二、城市公共空间的物理环境分析

　　公共空间物理环境设计是对公共空间的声环境、光环境、热环境、干湿度乃至通风和气味等方面进行设计处理，其目的是营造一个有益于身心健康的公共空间，这些领域的设计工作是形成公共空间环境质量的重要方面，它与材料与技术的发展和应用有着密切关系。

　　就声源而论，可能来自生活声、自然声、人体声，其中既包括悦耳的音乐声，也包括令人心烦的各种噪声。一般比较和谐悦耳的声音，称为乐音。物体有规律地震动会产生乐音，如钢琴、胡琴、笛子等发出的声音都属乐音，语言中的元音也属于乐音。不同频率和不同强度的声音，无规律地组合在一起，则变成噪声，听起来有嘈杂的感觉。噪声也常指一切对人们生活和工作有妨碍的声音，不单纯由声音的物理性质决定，也与人们的生理和心理状态有关。

利用阳光永远都应是室内环境的首选。只要能合理地将阳光引入室内就可以不需要过多的设备。但是，现代生活环境越来越复杂，常常要求用人工照明加以补充，甚至完全用人工照明代替天然采光。大空间的办公室或生产车间，靠侧窗采光难以满足房屋深处的照度要求，这就要求采用灯光来补充阳光之不足，特别是在地下车间、地下商业街等阳光无法引入的空间就必须借助人工光来解决照明问题。

项目二　公共空间设计的准备与初步设计

一、公共空间设计的准备阶段

（一）公共空间设计的调研

在面对一项设计任务时，设计师首先要了解基本情况。设计前期调研的目的和任务是直接服务于设计的，因此，需要明确调查工作能为设计提供怎样的支持、能做到何种程度等。进行尽可能准确的预期判断，根据公共空间项目的类型、特征、使用对象以及要求等情况而制定。根据调查计划展开调查工作，通过资料查阅、实地勘查现场等方法获得各种信息。

建筑的室外环境是设计的重要组成部分，室内环境则是建筑设计的重要组成部分。人的生活行为能将室内外空间联系在一起。"从公共空间作品的风格而言，建筑的内外风格应协调相融，以加强其整体性。"① 室内空间是室外空间的延伸。在进行室内设计时，室外环境在一定程度上可以影响室内的效果。与此同时，公共空间具有开放性，是大众进行工作、生活、学习的重要场所，其环境的优劣直接影响人们的生活质量，与外界隔绝的环境是无法进行正常工作、生活、学习的。公共空间的服务对象涉及不同层次、不同职业等。从某种意义上而言，公共空间是社会化的行为场所，公共空间设计就是最大限度地满足各种需求。室外环境不具备室内环境稳定的、无干扰的条件，它具有复杂性、多元性、综合性和多变性，自然方面与社会方面的有利因素与不利因素并存。在进行室外设计时，要注意扬长避短和因势利导，进行全面综合的分析与设计。

（二）绿化环境与地理位置因素

室外环境的好坏可以作为公共空间设计的基本依据。在外部环境中，对室内环境影

---

① 胡国梁，彭鑫，陈春花，等. 公共空间设计 [M] . 安徽：合肥美术出版社，2017.

响较大的是绿化环境和地理位置。相对于偏重功能性的室内空间，室外环境不仅为人们提供广阔的活动天地，还能创造气象万千的自然与人文景象。室内环境和室外环境是整个环境系统的两个分支，它们是相互依托、相辅相成的互补性空间。因而室外环境的设计，还必须与相关的室内设计和建筑设计呼应融为一体。

第一，绿化环境。绿化作为室外环境的重要评价指标，在室外环境中有着举足轻重的作用。充分利用室外绿化设计，使之成为室内环境的有力补充或陪衬，是室内空间设计的基本要求。因此，设计师应对室外绿化环境进行考察，记录其设计方法、构成方法、组织形式及四季的色彩变化。城市公共空间绿化如图 5-2 所示。

图 5-2　城市公共空间绿化

第二，地理位置。空间所处的地理位置之所以成为公共空间室内设计的考虑对象，是因为地理位置不同，就会导致消费群体或使用群体的差异。人们对公共空间的环境所怀的感情需求显然是人对自然的感情和人对人的感情。人们希望这两方面能在公共空间中得到体现，这种对公共空间的不同需求既是物质的，也是精神的。

（三）手绘设计方案草图

手绘设计方案草图是以直观的图形传达设计者设计意图的重要手段，是设计师向他人阐述设计对象的具体形态、材料、构造、色彩等，与对方进行更深入交流和沟通的重要方式；也是设计师记录自己的构思过程、发展创意方案的主要手段。手绘设计方案草图主要是指通过水彩、水粉、马克笔、彩色铅笔等绘画媒介和各种尺规、喷笔等工具，通过不同技法来表现公共空间面貌的表现图。

快速手绘可以帮助设计师更好地将自己的设计理念展现给客户。在与客户进行初次交流时，快速手绘是很重要的。由于徒手制作草图、效果图与设计师的设计思维联系紧密，是设计师设计理念的真实表达，因此手绘草图所表现的人文特质与文化内涵都比较深厚，画面轻松奔放，洋溢着一种绘画的情趣，尤其是对环境的处理，并非展现逼真的效果，而是表达一种气氛，具有观赏性和艺术性。而这种艺术性较强的绘画作品，在设计的竞标中也会起到一定的作用。

1. 手绘方案草图的特征

（1）传真性特征。通过色彩、质感的表现和艺术的刻画达到产品的真实效果。表现图最重要的意义在于传达正确的信息，让人们正确地了解到新产品的各种特性和在一定环境下产生的效果，使各领域人员都看得懂。然而，透视图和眼睛所看到的实体有所差别。透视图是追求精密准确的，但透视图与人的曲线视野有所不同，透视往往是平面的，所以透视图不能完全准确地表现实体的真实性。设计领域里"准确"很重要，它应具有真实性，能够客观地传达设计者的创意；忠实地表现设计的完整造型、结构、色彩、工艺精度；从视觉的感受上，建立起设计者与观者之间的媒介。所以，没有正确的表达就无法正确地沟通和判断。

（2）快速性特征。现代产品市场竞争非常激烈，一个好的创意和发明必须借助某种途径表达，缩短产品开发周期。无论是独立的设计，还是面对客户推销设计创意，必须互相提出建议，把客户的建议立刻记录下来或以图形表示出来。快速的描绘技巧便会成为非常重要的手段。

（3）说明性特征。最简单的图形比单纯的语言文字更富有直观的说明性。设计者要表达设计意图，必须通过各种方式提示说明，如草图、透视图、表现图等。色彩表现图更可以充分地表达产品的形态、结构、色彩、质感、量感等，还能表现韵律、形态性格、美感等抽象的内容，所以表现图具有高度的说明性。

（4）美观性特征。设计效果图虽不是纯艺术品，但必须有一定的艺术魅力，便于同行和生产部门理解其意图。优秀的设计图本身是一件好的装饰品，融艺术与技术于一体。表现图是一种观念，是形状、色彩、比例、大小、质感、光影的综合表现。设计师为使构想实现、被接受，还需要有说服力。表现图在相同的条件下，具有美感的作品往往更能得到人们的青睐。设计师想说服各种不同意见的人，利用美观的表现图能轻而易举地使自己的观点被更多的人接受。具有美感的表现图应干净、悦目、简洁、切题。

2. 手绘设计方案草图的工具

要画好手绘效果图，除了掌握绘画的基础技能以外，还需要选择合适的工具。表现手绘方案草图的工具主要包含以下几方面。

（1）马克笔工具及效果表现。马克笔可分水性（酒精）、油性两类。水性笔色彩、笔触都较鲜明；油性笔快干、耐水，有光泽感，但有刺激性气味。

（2）色粉工具及效果表现。色粉指粉质颜料，上色方便，但粉末极易掉落，画稿完成后可喷少量定色剂。

（3）彩铅工具及效果表现。彩铅因与铅笔的性质相近，在彩色媒介中是较易掌握的一种。

（4）水彩工具及效果表现。水彩画透明度高，色彩重叠时，下面的颜色会透过来。色彩鲜艳度不如彩色墨水，但着色较深，适合喜欢古雅色调的人，即使长期保存也不易变色。

（5）水粉工具及效果表现。水粉画处在不透明和半透明之间，水粉画的性质与技法介于油画与水彩画之间。既可以画出油画的厚重感，也可以画出水彩的淡薄质。色彩可以在画面上产生艳丽、柔润、明亮、浑厚等艺术效果。

二、公共空间设计的初步设计阶段

（一）计算机表现图的绘制

随着计算机绘图技术的日益普及和不断发展，公共空间设计表现也发生了一定的变化。计算机绘图与手绘相比，可以便捷地进行修改而不用担心破坏图面。在公共空间专业表现中绘图软件能精确且真实地绘制出工程施工图与效果图。

1. 主要绘图软件

（1）AutoCAD 建模软件，该阶段主要是设计师利用制图软件将设计施工图完整且标准地制作出来。在公共空间设计过程中，CAD 平面布置图的绘制是表达设计意图的重要手段之一，是与各相关专业之间交流的标准化语言。而图纸绘制是否标准是衡量一个设计团队的设计管理水平的重要指标之一。平面布置图是对空间结构进行最终划分以后对所有家具进行合理分配的最直观的反映。有些图纸会把室内空间墙体拆改作为单独的图纸，但是在墙体改动较小或者没有改变的情况下可以将两张图纸合并，并且在有改动的地方标注详细尺寸。

（2）Sketchup 草图大师三维建模软件。Sketchup 草图大师是一个具有强大功能的构思与表达工具，草图大师可以极其快速和方便地对三维创意进行创建、观察和修改。传统铅笔草图的优雅自如以及现代数字科技的速度与弹性都可以通过草图大师得到完美的结合。

（3）3dsMax 三维建模软件。3dsMax 因其强大的三维设计功能而受到广大建筑、装潢设计人员的青睐，已经成为当前效果图制作的主流软件。在学习制作效果图之前，需要了解一些常用的基本模型的创建方法与技巧。

（4）Photoshop 软件后期处理与出图。Photoshop 主要处理以像素所构成的数字图像。使用其众多的编修与绘图工具，可以有效地进行图片编辑工作。Photoshop 有很多功能，应用于文字、图形、图像、视频、出版等各方面。

2. 计算机表现图的绘制步骤

（1）运用 Sketchup 草图大师绘制。

第一，设计方案确定后，在 AutoCAD 软件中绘制平立面图，在绘制的过程中要确保尺寸精确、图层清晰、线条准确。启动 AutoCAD 经典版，在菜单栏中选择【文件】-【选择文件】命令，在 AutoCAD 里绘制或打开平面图。

第二，把 CAD 图纸导入 Sketchup 草图大师中建立模型。在菜单栏中选择【导入】-【选择要导入的文件】，将绘制好的 CAD 平面图导入。

第三，在 Sketchup 草图大师中将导入的 AutoCAD 平面图用【铅笔】工具描边，形成平面图。

第四，在 Sketchup 草图大师中用【推拉】工具将平面拉伸成立体模型。

第五，在 Sketchup 草图大师中用【缩放】工具调整模型大小。

第六，在 Sketchup 草图大师中用【旋转】工具调整模型方向。

第七，在 Sketchup 草图大师中，打开【材质编辑器】窗口，给模型对象添加材质。

（2）运用 3dsMax 绘制。

第一，把 CAD 图纸导入 3dsMax 中建立模型。接下来的程序是架设软件中的摄像机选择视角，进行画面构图。然后进行材质贴图和灯光设置。启动 3dsMax，在菜单栏中选择【导入】命令，【选择要导入的文件】后，设置【AutoCAD DWG/DXF】导入选项，然后导入。

第二，在 3dsMax 中将导入的 AutoCAD 平面图用【挤出】命令挤出。

第三，在 3dsMax 中将导入的 AutoCAD 平面图用【可编辑多边形】命令绘制细节模型。

第四，在 3dsMax 中，按 M 键打开【材质编辑器】窗口，给模型对象添加材质。

第五，运用 VRay 等软件或渲染插件进行渲染。VRay 属于全局光渲染软件，渲染时只计算当前画面附件的图形。一般而言，渲染开敞的室内空间适合用 VRay。打开【渲染设置】窗口进行参数的设置调整。

第六，渲染好模型效果图以后，选择【菜单】-【另存为】-【归档】命令，将模型存为 3dsMax 格式。

第七，运用 Photoshop 软件进行画面后期处理。由于后期处理是在平面绘图软件中进行的，所以一定要注意物体间的透视关系、明暗关系和投影方向等问题。打开 Photoshop 软件，将在 3dsMax 中渲染好的图进行后期处理调整。

（二）模型设计以及综合表现

模型设计是公共空间设计师在初步设计阶段必须掌握的基本专业能力。模型设计是验证设计和训练设计思维的一种手段，旨在培养学生在平面与具体塑形之间转换的理解力，使学生通过直接的操作对空间体量、结构、材质、比例、色彩与建筑的关系有直观的体会。把设计从一维图纸通过创意、材料组合形成三维的立体形态，培养学生高度的概括能力和丰富的想象力。

1. 模型设计的特征

（1）真实性特征。环艺模型是以一定的微缩比例制作而成的实体模型，这种表现形式使设计的思想表现得更深入和完善，更接近于真实的效果。让人们通过模型本身来了解、评价和欣赏。

（2）展示性特征。模型是为观者提供展示性的实体，使观者对空间设计的形态、结构和功能，面与面、体与体、面与体和环境组合关系以及各种角度和整体等，具有多个全面的视觉感受。

（3）表现性。模型可以体现空间设计的真实性、形象性、完整性。真实性表现为以三维立体的形式，直观地反映在人们的视觉中，并且更能让非专业人士接受，模型表现如图 5-3 所示。

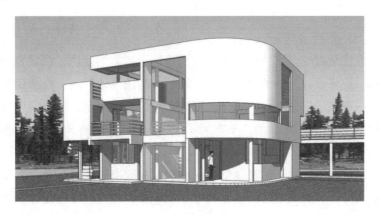

图 5-3　模型表现

2. 模型设计的主要材料

（1）纸类材料。模型纸材包括卡纸、绒纸、吹塑纸、花纹纸、墙壁纸、锡箔纸、砂纸、不干胶纸等。

（2）木质类材料。模型制作有硬质木材料、软质木材料、胶合板、各种装饰板材等。

（3）金属类材料。模型金属类材料有不锈钢材料、铝合金材料、其他金属材料等。

（4）化工合成类材料。制作模型的化工合成类材料有吹塑板、有机玻璃板、PVC塑料板、大孔泡沫塑料板、聚苯板等。

（5）漆类材料。模型制作的漆类材料有模型漆、硝基漆、酚醛树脂漆等。

（6）刀类工具。模型制作要用的刀具有美工刀、钩刀、木刻刀、尖头刻刀、剪刀等。

（7）黏合类材料。制作模型用的黏合材料有溶剂性黏合剂、胶状黏合剂（502 胶、万能胶、乳白胶、生胶等）。

（8）测量绘图工具。模型测绘工具包括钢尺、比例尺、卷尺、计算器、丁字尺、三角板等。

3. 模型设计的制作方法

（1）绘制模型图纸。确定制作室内模型的尺寸，然后根据设计图比例绘制出平面图、立面图和其他细部图。

（2）模型界面板材切割。将模型材料切割成型，完成室内模型各空间界面的制作。

（3）模型各界面的精加工。制作各个界面的门、窗等构件以及其他细节图，在墙体、柱体和地面上覆上仿真实材料质感的图纸和造型等贴图素材，完成模型空间界面的材料处理和装饰。

（4）组装成型。在以上工作完成后，可以对各个界面进行黏结、拼装。

（5）配景制作。室内模型中的配景包括人物、绿化和家具等，这些元素需要单独制作，然后再置入空间内。在室内模型制作中，应该严格按照制作程序展开工作，并注意工艺上的精确性。

4. 模型设计的综合表现

综合表现方法是对一个室内设计方案的构思理念、方案设计、场景表现等各种内容的全方位展示，它将设计方案的草图、方案图、分析图、效果图、模型照片等图示加上文字说明按照一定的逻辑关系组织起来，形成一种综合性图示。综合表现方法是一种高度综合的表现方式，由于展示的内容较多，因此在表现上的结构与秩序就显得非常重要。

在综合表现过程中要注意图底之间的关系以及相互逆转的可行性，利用各种手法处理好画面的层次。综合表现方法的基本程序主要包括：在室内方案设计完成后，在深入把握设计方案精神的基础上，确定综合表现方法的基本思路。它主要包括：①表现的核心、素材的多少、图面表现的整体风格以及处理手法；②进行整体构图；③确立画面的表现形式；④完成图面合成。

项目三　公共空间设计的扩初与完善阶段

一、公共空间设计的扩初阶段

在面对项目的时候，设计师和设计团队必须编制内容详尽完整的施工组织设计。为保证施工阶段的顺利进行、实现预期的效果，其意义非常重要。

（一）扩初阶段的施工组织

扩初阶段的施工组织是根据批准的建设计划、设计文件（施工图）和工程承包合同，对土建工程任务从开工到竣工交付使用，所进行的计划、组织、控制等活动的统称，是用来指定工程施工过程中各项活动的技术、经济、组织的综合文件。施工组织的重要性主要表现在以下几方面。

第一，必须详细研究工程特点、地区环境和施工条件。从施工的全局和技术经济的角度出发，遵循施工工艺的要求，合理地安排施工过程的空间布置和时间排列，科学地组织物质资源供应和消耗，把施工中的各单位、各部门以及各施工阶段的直接关系更好地协调起来。这就需要拟建工程在开工之前，设计团队和设计师进行统一部署，并通过施工组织设计科学地表达出来。

第二，施工阶段是基本建设中最重要的一个阶段。只有认真地编制好施工组织设计，才能保证施工顺利进行，实现预期的效果。

第三，为了保证项目按期交付使用，施工组织对企业的施工计划起决定和控制作用。对于规模大、结构复杂、技术要求高，运用新技术、新材料和新工艺的工程项目，设计师和设计团队必须编制内容详细的完整施工组织设计。施工组织设计主要包括：①工程概况，工程概况包括工程的基本情况、工程性质和作用，主要说明工程类型、使用功能、建设目的、建成后的地位和作用；②施工部署及施工方案，部署和方案包括施工安排及施工前的准备工作，各个分部分项工程的施工方法及工艺；③施工进度计划，编制控制性网络计划，工期采用四级网络计划控制，一级为总进度，二级为季度滚动计划，三级为月进度计划，四级为周进度计划；④施工平面图，根据场区情况绘制施工平面图，大体包括各类起重机械的数量、位置及其开行路线，搅拌站、材料堆放仓库和加工厂的位置，运输道路的位置，办公、行政、文化活动等设施的位置，水电管网的位置等内容；⑤主要技术经济指标，施工组织设计的主要技术经济指标包括施工工期、施工质量、施工成本、施工环境、施工安全、施工效率，以及其他技术经济指标等。为了保证项目按期交付使用，施工组织对企业的施工计划起决定性和控制性的作用，施工组织与施工企业的施工计划两者之间有着密切不可分割的关系。

（二）扩初阶段的施工管理

扩初阶段的施工管理是指工程修建过程中的组织管理和技术管理工作。组织设计中的方案要靠施工员在现场监督、测量来编写施工日志，上报施工进度、质量，处理现场问题。从某种意义上而言，现场施工管理水平代表了企业的管理水平，也是施工企业生产经营建设的综合表现。

1. 施工管理的工料控制

（1）工费控制。

第一，编制工日预算。编制工日预算是控制人工费的基础。工日预算应分工种、分装饰子项来编制（班组分包或项目分包时，一般采用市场价格指导分包价格）。由于装饰工程的发展很快，装饰工艺日新月异，装饰用工定额往往跟不上施工的需要，这就要求装饰施工企业加强自身的劳动统计，根据已竣工工程的统计资料，自编相应的产量定额。

第二，安排作业计划。安排作业计划的核心是为各个工种操作班组提供足够的工作面，避免窝工、交叉施工不顺，保证流水施工正常运行。在执行计划的过程中，必须随时协调，解决影响正常流水作业的问题。如果某一工序的进度因某些原因耽误了，这就意味着它的所有后续工序将出现窝工，必须及时解决。

第三，执行施工任务单制度。施工任务单的内容主要包括：工程项目、工程量、产量定额、工作开始日期、计划用工数、质量及安全要求等。施工任务单由工长与定额管理人员共同签发、考核与验收。执行施工任务单制度应注意工程内容的划分与定额范围的一致性，并对施工数量、质量、安全、材料耗用、成品保护等全面考核、验收，以此作为工人班组分配的依据。

第四，班组承包。班组承包是当前装饰施工中较常见的劳动组织形式。比如按一套客房的装饰为单位，确定完成全部工作各工种工资的承包额，这种直接按货币承包的方式必须事先掌握大量统计资料，使用承包金额与工程量及施工难度相匹配，各工艺之间保持平衡，同时留有一定余地，以便调动工人积极性。承包任务应全面覆盖工程量、安全、质量、材料消耗、成品保护等各方面，不留缺口。

（2）材料费控制。

第一，把好材料订货关，要做到：①准确（材料品种、规格、数量与设计一致）；②可靠（材料性能、质量符合标准）；③及时（供货时间有把握）；④经济（材料价格应低于预算价格）。

第二，把好材料验收、保管关。经检验质量不合格或运输损坏的材料，应立即与供应方办理退货、更换手续。材料保管要因材设库、分类码放，按不同材料各自特点，采取适当的保管措施，如对木制品、地毯、壁纸要注意防潮、防晒、防鼠；防锈漆、稀料注意防火；对玻璃、镜子、大理石、陶瓷制品注意防撞击。装饰材料中有相当一部分贵重物品，应特别注意加强安保工作，防止被盗。

第三，把住发放关。班组凭施工任务单填写领料单，到材料部门领料。工长应把施工任务单副本交工地材料组，以便材料组限额发料。实行材料领用责任制，专料专用，班组用料超过限额应追查原因，属于班组浪费或损坏，应由班组负责。

第四，把好材料盘点、回收关。完成工程量的一定量时，应及时盘点，严格控制进料，防止剩料。施工剩余材料要及时组织退库。回收包括边角料和旧楼改造中拆除下来的可用材料。班组节约下来的材料退库，应视情况予以奖励。回收材料要妥善地分类保管，以备工程保修期使用。

（3）工程索赔。工料控制是要减少人工、材料的消耗，工程索赔则要为发包方原因引起的工料超耗或工期延长获得合理的补偿，工程索赔对项目的经济成果具有重要意义。工程索赔应注意：①理解合同，仔细阅读合同条款，掌握哪些属于索赔范围，哪些是属于承包方的责任；②注意整理、收集原始凭证与工程索赔有关的原始凭证（包括发包方关于设计修改指令，改变工作范围或现场条件的签证，发包方供料，供图误期的确认，停电停水的确认，施工现场或工作面移交延误的确认等），签证和确认均应在合同规定的期限内办理，过时无效；③合理计算索赔金额既应计算有形的工料增加，又应计算隐性的消耗，如由于发包方供图，供料的误期所造成的窝工损失等。索赔计算应有根有据，合情合理，然后经双方协商来确定补偿的金额。

2. 施工管理的安全生产

（1）公共空间设计的多发事故。

第一，火灾。公共空间设计施工阶段易燃、能燃物品多，外墙门窗封闭后油漆、防水作业区发挥性易燃气体浓度高，交叉施工明火作业频繁，这些物品管理一旦失控便容易引发火灾。

第二，物体打击。公共空间设计施工与结构施工及机电安装立体交叉频繁，作业环境易导致物体打击事故。

第三，触电。公共空间设计施工阶段电动工具特别是手持电动工具使用广泛，防护和管理不当可能引起触电。

第四，机械伤害。公共空间设计施工除了广泛使用电动工具以外，还采用大量气动工具甚至以火药制动的工具，导致机械伤害事故的因素多。

第五，高处坠落。公共空间设计施工阶段，特别是结构外沿和各种洞口尚未封闭之前，各种等级的高处作业随处可见，防护不力易导致高处坠落事故。

（2）火灾要求及防火措施。

第一，电气设备防火要点，主要包括：①各类电气设备、线路不准超负荷使用，接头须接实、接牢，以免线路过热或打火短路，发现问题立即处理；②存放易燃液体、可燃气瓶和电石的库房，照明线路穿管保护，采用防爆灯具，开关设在库外；③穿墙电线和靠近易燃物时电线要穿管保护，大功率灯泡和易燃物一般应保持至少 30cm 间距，大功率灯泡要加大间距，工棚内不准使用碘钨灯；④高压线下不准搭设临时建筑，不准堆放可燃材料；⑤现场明火管理，生产、生活用火均应经主管安全的领导批准，使用明火要远离易燃物，并备有消防器材，注意燃料存放、渣土清理及空气流通，防止煤气中毒。工地设吸烟室，施工现场严禁吸烟；⑥电气焊工作人员均应受专门培训，持证上岗，作业前办理用火手续，并配备适当的看火人员，随身应带灭火器具，吊顶内安装管道，应在吊顶易燃材料安装前完成焊接作业，如因工程特殊需要必须在天花板内进行电、气焊作业，应先与消防部门商定妥善防火措施后方可施工；⑦及时清理施工现场，做到完工场清；⑧油漆施工注意通风。严禁烟火，防止静电起火和工具碰撞形成火花。

第二，安全用电要点，主要包括：①设立期超过半年的现场，生产、生活设施的电气安装均应按正式电气工程标准安装；②施工现场内一般不架裸导线。现场架空线与施工建筑物水平距离不小于 10m，与地面距离不小于 6m，跨越建筑物或临时设施垂直距离不小于 2.5m；③各种电气设备均须采取接零或接地保护，单相 220V 电气设备应有单独的保护零线或地线，严禁在同一系统中接零、接地两种保护混用。不准用保护接地做照明零线；④使用电焊机时对一次线和二次线均须防护，二次线的焊把线不准露铜，保证绝缘良好；⑤手持电动工具均要在配电箱装设额定动作电流不大于 30mA、额定动作时间不大于 0.1s 的漏电保护装置，电动机具定期检验、保养。每台电动机械应有独立的开关和熔断保险，严禁一闸多机；⑥须经专门培训，持供电局核发的操作许可证上岗，非电气操作人员不准擅动电气设施，电动机械发生故障，要找电工维修。

（3）预防物体打击事故的措施，主要包括：①交叉作业信道搭护头棚；②高处作业的工人应备工具袋，零件、螺栓、螺母随手放入工具袋，严禁向下抛掷物品；③高处码放时板材要加压重物，以防被大风掀翻吹落。高处作业的余料、废物须及时清理，以防无意碰落或被风吹落；④高处作业的操作平台应密实，周围栏杆底部应设高度不低于18cm的挡脚板，以防物料从平台缝隙或栏杆底部漏下。

（4）防止高空坠落要点。

第一，洞口、临边防护，主要包括：①尺寸不超过1.5m×1.5m的孔洞，应预埋通长钢筋网或加固盖板，尺寸超过1.5m×1.5m的孔洞，四周须设两道护身栏杆（高度大于1m），中间挂水平安全网；②电梯井口须设高度不低于1.2m的金属防护门，井道内首层和以上每隔四层设一道水平安全网封严；③在安装正式楼梯栏杆、扶手前，须设两道防护栏杆或立挂安全网，回转式楼梯间中央的首层和以上每隔四层设一道水平安全网；④阳台栏板应随层安装；若不能随层安装，须设两道防护栏或立挂安全网封闭；⑤建筑物楼层临边，无围护结构时，须设两道防护栏杆，或立挂安全网加一道防护栏杆。

第二，沿施工防护，主要包括：①沿装饰采用单排外脚手架和工具式脚手架时，凡高度在4m以上的建筑物，首层四周必须架设3m宽的水平安全网（高层建筑应架设6m宽双层网），底纹距下方物体不小于3.9m，高层建筑不小于5m）；②脚手架必须有设计方案，装饰用外脚手架使用荷载不得超过规定标准；③插口、吊篮、桥式脚手架及外挂架应按规程支搭，设有必要的安全装置；工具式脚手架升降时，必须用保险绳，操作人员须系好安全带，钓钩须有防脱钩装置。

第三，室内装饰高处作业防护，主要包括：①移动式操作平台应按相应规范进行设计，台面满铺木板，四周按临边作业要求设防护栏杆，并安登高爬梯；②凳上操作时，单凳只准站一人，双凳搭跳板，两凳间距不超过2m，准站二人，脚手板上不准放灰桶；③梯子不得缺档，不得垫高，横档间距以30cm为宜，梯子底部绑防滑垫；人字梯两梯夹角以60°为宜，两梯间要拉牢；④从事无法架设防护设施的高处作业时，操作人员必须系安全带。

（5）防止机械伤害事故要点，主要包括：①大型施工器具安装和使用须符合生产厂商的规定使用前应经检查合格，使用中定期检测；②圆锯的传动部分应装防护罩，长度小于50cm、厚度大于锯片半径的木料，严禁上锯，破料锯与横截锯不得混用；③砂轮机应使用单向开关，砂轮须装不小于180°的砂防护罩和牢固的工作托架，严禁使用不圆、有裂纹和剩余部分不足25mm的砂轮；④经常保养机具，按规定润滑或换配件，所用刀具必须匹配，换夹具、刀具时一定要拔下插头；⑤各种施工机械的安全防护装置必须齐全有效；⑥注意着装，不穿宽松服装操作电动工具，留长发者应戴工作帽，不能戴手套操作；⑦打开机械的开关之前，检查调整刀具的扳手等工具是否取下，插头插入插座前先检查工具是否关闭；⑧手持电动工具仍在转动时不可随便放置，操作施工机具必须注意力集中，严禁疲劳操作；⑨工作面整洁，以防因现场杂乱发生意外。

二、公共空间设计的完善阶段

（一）公共空间设计的竣工与交工

工程的竣工是指房屋建筑按照设计要求和甲乙双方签订的工程合同所规定的建筑内容全部完成，经验收鉴定合格，达到交付使用的条件。竣工日期指由建筑工程质量监督站核验为合格的签字日期。工程的交工是指竣工工程正式交付建设单位使用。交工日期指竣工工程办理手续，交付建设单位使用的签字日期。交工验收的准备工作主要包括：①完成收尾工程；②收集整理竣工验收资料；③交工工程的预验收。

公共空间设计收尾工程的特点是工程接近交工阶段，不可避免地会存在一些零星、分散、量小、面广的未完成项目，这些项目的总和即收尾工程。在组织收尾工程时应注意：①加强计划的预见性，提前安排"结合部"工作；②接近竣工，提前对照设计图纸和预算项目核对已完工程，列出未完项目；③交工前组织预检，逐个房间查明所有未完项目，并用"实时贴"在现场标明其部位；④争取得到建设单位和实际单位的配合；⑤组织若干专业班组，按收尾项目不同类型进行扫尾。

（二）公共空间设计的竣工验收资料

第一，施工组织方案与技术交底资料施工组织方案应内容齐全、审批手续完备。如有较大的施工措施和工艺的变动要编入交工验收资料。技术交底包括设计交底、施工组织设计交底、主要分项工程施工技术交底。各项交底应有文字记录并附双方签认手续。

第二，材料、半成品、成品出厂证明和试（检）验报告装饰材料、半成品、成品应有出厂质量合格证明，标明出厂日期，抄件或复印件应注明原件存放单位，并附抄件人签字和抄件（复印）单位印章。防火材料要有国家批准的合格证书和消防部门的使用许可证。门（窗）框、门（窗）扇、瓷砖、石材除有出厂质量合格证外还需要出具现场检验报告。

第三，施工试验报告粘贴壁纸的胶水、贴瓷砖的砂浆若在现场自行配制，应经过试贴确定配比。试验报告注明组分材料和配比，并说明试验结果，由甲方签字确认。

第四，施工记录浴室、卫生间等有防水要求的房间有 24h 以上蓄水试验记录，并附验收手续。冬季贴瓷砖、贴壁纸和大理石及油漆、喷漆应有测温记录。贴壁纸和地毯有基层含水率记录。质量事故处理记录应包括事故报告、处理方案和实施记录。

第五，预检记录包括现场基准点、楼层基准线、预留孔和预埋件位置的检查记录。

第六，隐检记录包括轻质隔断墙、吊顶、壁纸、地毯、防水等项目的隐检记录。

第七，竣工验收资料施工单位（承包方）、建设单位（发包方）和设计单位（建筑师）三方签认的竣工验收单，送质量监督部门进行核验，合格后签发的核定书。

第八，工程质量检验评定资料包括所有分项工程应有的质量评定表及分部工程汇总评定表。

第九，设计变更、洽商记录设计变更、洽商记录应由设计单位、施工单位和建设单位三方代表签证，经济洽商可由施工单位和建设单位两方代表签证。分包工程有关设计变更和合同记录应通过总承包单位办理。设计变更、洽商记录按签证日期先后顺序编号，做到齐全、完整。

第十，竣工图。凡原施工图无变更的，可在新的原施工图上加盖"竣工图"标志后作为竣工图。无大变更的可在原图上改绘；有重大变更的应重新绘制竣工图。

（三）公共空间设计的交工验收程序

公共空间设计的交工验收程序主要包括：①承包方首先自行组织预验收，检查工程质量，发现问题及时补救，汇总、整理有关技术资料；②承包方向发包方递交竣工资料；③发包方组织承包方和设计单位对工程质量进行评定，并将验评结果和有关资料送质量监督站核验；④质量监督站核验合格后，签发核定书；⑤承包方与发包方签订交接验收证明书，并根据承包合同的规定办理结算手续，除合同注明的由承包方承担的保修工作外，双方的经济、法律责任即可解除；⑥在交工过程中发现需返修或修补的项目，可在交工验收证明和其附件上注明"修竣"期限。

项目四　公共空间设计的数字化实践研究

随着科技的高速发展，数字化在不同领域中的应用已经日益普及。公共空间设计作为一门涉及城市规划、建筑设计和人类行为研究的综合性学科，正逐渐受到数字化实践的影响。数字化技术的广泛应用为公共空间设计带来了新思路和新方法。数字化实践通过利用计算机、互联网、传感器等技术手段，将空间数据获取、分析和应用与设计过程相结合，为公共空间设计提供了更大的创新空间和效率提升的机会。

一、公共空间设计中的数字化应用技术

第一，模拟与可视化。数字化技术可以将公共空间的设计理念和效果以虚拟的形式呈现出来，帮助设计师和决策者更好地理解和评估设计方案。通过三维建模、虚拟现实和增强现实等技术，设计师可以在设计阶段对公共空间进行模拟，从而在实际施工之前发现潜在问题并进行调整。

第二，数据驱动设计。数字化技术可以帮助设计师收集、分析和利用大量的空间数据，在设计过程中做出科学决策。通过传感器、监控设备和人工智能等技术，可以实时获取公共空间的使用情况、人流量、环境数据等信息。设计师可以根据这些数据进行定量分析，从而更好地预测和满足用户需求。

第三，互动与参与。数字化技术提供了一种新的方式，使公众能够参与到公共空间设计中来。通过互联网和移动应用程序，公众可以提意见和建议，参与到公共空间设计

的讨论和决策过程中，这种互动和参与能够使设计更加民主、透明，并提高公众的满意度。

二、公共空间设计中的数字化互动方式

数字化技术的发展为互动与参与提供了更多的可能性。数字化技术在公共空间设计中促进互动与参与的方式主要包含以下几方面。

第一，在线调查和投票。通过在线调查和投票平台，公众可以就不同的设计选项或问题表达自己的意见和偏好，这些调查结果可以为设计团队提供有关公众意见和需求的参考，并帮助他们做出决策。

第二，虚拟现实和增强现实。虚拟现实和增强现实技术可以为公众提供身临其境的体验，让他们在设计过程中感受到不同的空间布局和设计元素。公众可以通过虚拟现实设备或手机应用程序在虚拟空间中漫游，并提供反馈和建议。

第三，数字化展示和模拟。通过数字化技术，设计团队可以将设计方案以图像、视频或虚拟现实的方式展示给公众。公众可以通过网站、移动应用程序或数字展示设备浏览设计方案，提供反馈意见，并与设计团队进行交流。

第四，社交媒体平台。社交媒体平台可以成为公众交流和参与的重要渠道。设计团队可以通过社交媒体发布设计方案或问题，公众可以在平台上进行评论和讨论，这种开放的交流平台可以促进设计团队和公众之间的互动，帮助设计团队收集更多的意见和建议。

第五，开放数据和透明度。数字化技术可以帮助公众了解设计决策的过程和依据。设计团队可以将相关数据、设计原理和决策记录公开，提供给公众进行查阅和评估。这一措施可以增加公众对设计过程的信任，并促进参与和合作。

数字化技术为公众参与公共空间设计提供了更多的机会和渠道，这种互动和参与能够使设计更加民主化和透明化，同时也可以改善公共空间的满意度和使用效果。设计团队应该积极利用数字化技术，与公众进行有效的沟通和合作，以确保设计方案的质量。

三、公共空间设计数字化在博物馆设计中的实践

博物馆的机构职能和经营理念逐渐从传统观念中的展示讲解场所向自由开放的公众休闲文化场所转变。面对公众对博物馆功能使用需求的变化，如何通过博物馆公共空间功能的合理规划，使公共空间功能完善，配套健全；如何利用现代化智能科技让博物馆更具特色，更具吸引力，让观众有更加舒适的博物馆体验，成为设计团队的主要研究课题。本部分以数字化为背景研究博物馆公共空间规划设计，通过对博物馆公共空间的功能类型和规划要点的归纳、分析，总结并提出智能化技术在博物馆公共空间应用的重要性。

随着社会的发展和时代的进步，博物馆越来越受到社会和公众的重视，博物馆成为公共文化服务的重要机构。在一定程度上，博物馆已经成为一个国家经济文化发展水平、社会文明先进程度的重要标志，对提高国民文化素质、促进国家科学文化发展起着积极的推动作用。当下，数字化在博物馆中的应用是大势所趋，以此为背景的智慧博物馆的建设如火如荼。博物馆作为传播优秀历史文化和革命文化的机构，应充分利用现代科学技术，发挥科学技术的优势作用，增添博物馆公共空间设计的多样性和延展性，为观众提供更加多元、全面的服务和博物馆参观体验。

"网络应用和互联网技术，以数据的标准来实现对物的统筹管理，为博物馆文化传播提供多种途径，为博物馆物的管理提供智能手段，为观众提供科学和全面的服务。"① 数字化在博物馆中的应用有很大的空间，如将博物馆的文物进行数据整理归纳，建立信息数据平台，以便于博物馆工作人员管理、维护馆藏文物，了解文物信息。将部分数据开放，观众可以了解藏品的情况；通过语音讲解，可以了解藏品的历史背景和文化内涵。建立博物馆建筑空间数据，可以加强数字博物馆建设。

博物馆公共空间是指在博物馆内除展陈空间外，观众可以到达的空间，是为观众提供服务及进行公共活动及交流的空间，它需满足公众在博物馆的多种行为需求。博物馆公共空间是一个多功能的复合空间，涵盖通行、休息、交流、消费等观众行为，既包含博物馆室内也包含博物馆室外对观众开放的空间。数字化在博物馆公共空间规划设计上的应用，充分调动了博物馆物、人、环境与数据之间的多元信息，在此基础上建立信息化平台，借助大数据、互联网等等现代化技术手段，以人为传播媒介实现博物馆的文物管理、文化传播和观众服务，并为此探寻出更广阔的空间。

（一）博物馆公共空间设计的数字化趋势分析

第一，技术设备发展成熟。在数字化技术的不断发展下，智慧博物馆的理念应运而生。在博物馆日常的展览展示、观众服务的工作中，依靠传统的文物展陈方式已不能满足参观者的对于文物全貌了解的渴求。物联网、云数据和互联网技术的交互应用，给予了博物馆更多的传播手段和服务类型。云计算和大数据以互联网为基础实现了资源上的优化配置，互联网技术将大数据收集和分析出的数据进行更广泛的传播，打破了信息交流在时间和空间上的阻隔。人工智能导览、智能影音播放系统、多点触摸屏等技术设备的应用为博物馆公共空间的设计带来了更多的可能性，既能够加强与观众的互动，又能够给观众带来了更加全面的博物馆参观体验。

第二，智能化应用实现资源优化配置。运用人工智能、大数据、云计算以及移动互联网等技术，对博物馆公共空间内的展览、服务进行信息化处理，构建博物馆公共空间的大数据中心，打造统一的智慧公共空间生态体系，能有效提升展览的信息化传播，提高公共空间信息管理和利用水平，提供高质量的公共空间服务。基于数字化，实现博物

---

① 邓璐．数字化背景下博物馆公共空间规划设计［J］．智能建筑与智慧城市，2019（10）：24.

馆公共空间的精准化管理与创新，提高博物馆信息资源的合理配置，实现博物馆的核心价值和社会使命。当下，在物联网、大数据、互联网和位置感知技术日益成熟的推动下，面对博物馆在服务和管理中的一些问题，建设智能化、智慧化的博物馆已是势在必行。

（二）博物馆公共空间的功能与数字化应用

1. 博物馆公共空间的功能分类

根据观众在博物馆公共空间的行为需求，公共空间基本可分为：服务空间、展览空间、礼仪空间、公共空间、陈列空间和交通空间。

（1）服务空间主要包含休息空间、餐饮空间、商业空间、母婴室、医务室、咨询室等，为观众提供最为基础的服务和保障，满足观众在博物馆参观的基本需求。

（2）展览空间是博物馆公共空间的重要组成部分，是观众在博物馆中进行活动的最主要的两大空间。两者功能不同，设计条件也不同，但并非完全独立。随着博物馆的蓬勃发展，设计中更加强调观展体验的多元化，于是，公共空间与陈列空间的交叉融合使空间更加丰富、生动。区别于展厅内的陈列展览，公共空间的展览环境更为自由和放松，使观众能够与展品更好地互动，更能沉浸在展览的氛围中。

（3）礼仪空间是博物馆举办社会活动等的多功能集会空间。通常位于博物馆入口附近，是博物馆中面积最大的公共空间部分。

（4）交通空间是满足人流疏散，起到空间导向作用的公共空间类型。在博物馆日常使用过程中，在较为宽敞的交通空间中也常常置入休息和展示功能，能够丰富交通空间的行为活动，增添空间活力。

2. 数字化在博物馆公共空间设计中的实践

数字化的发展使人们时刻享受着大数据和智能化带来的便利，博物馆作为文物收藏、文化展示、藏品研究、社会教育和休闲娱乐的社会机构，为观众提供多样化的展览体验外，借助数字化创建智慧博物馆系统，丰富公共空间功能，为观众提供便利和更全面的服务。

（1）门厅。门厅是观众进入博物馆的第一个空间，是整个博物馆给观众的第一印象，也是博物馆重要的交通枢纽和博物馆公共服务信息集散地。在此空间内可设置多媒体信息屏幕，将馆内的相关信息通过媒介集中展示，如展览信息、空间导览图，使观众进入博物馆门厅后能通过浏览信息对馆内空间、展览有全方位的了解。

（2）大厅。大厅一般与门厅空间相接，位于博物整体建筑或局部建筑的中心，是观众进入博物馆的第二空间。从公共空间的面积而言，大厅空间通常是面积最大、挑高最高的馆内公共空间，大多数情况下也成为博物馆重要的礼仪空间，可根据空间特点和馆内功能需求设置展览、互动空间，丰富大厅的活动。如陕西历史博物院大厅内，沿墙设置了拼接式多点大屏，利用多点触控技术与液晶拼接屏结合的方式，形成多点触控液晶拼接互动系统展示的显示终端设备。观众可以在大厅的多点大屏上点触文物图片，获得文物的历史背景、尺寸材质信息和文化意义等信息，形成多人共同参与的互动展示区。

（3）交通空间。交通空间是观众在博物馆参与度最高的公共空间。观众在博物馆内参观，可依据自己的需求选择交通路径。传统的平面导视和问询指引的方式局限性很大，利用 Wi-Fi、博物馆建筑空间信息数据和 AR 可实现博物馆实景导航，建立在数字化基础上的导航指引清晰，操作简单，全年龄适用。

（4）休息空间。休息空间是博物馆公共空间的重要组成部分，因展陈空间一般不设置座椅，休息空间承担着让观众休息的功能。河北博物院在博物馆公共空间的休息区设置了智能机器人，观众在休息的同时可以与机器人互动，询问有关展览和场馆信息，利用休息时间了解博物馆，安排参观计划。

（5）文创产品展卖空间。文创产品展卖空间具有展示和售卖两个功能，是博物馆重要的服务空间。该空间的设计风格应与博物馆室内整体风格协调统一。建立博物馆文创产品的数字化信息库，打造博物馆文创管理系统，通过手机终端使游客能第一时间获取文创展品的信息，也可在手机终端直接购买。便于博物馆工作人员利用智能化系统获取销售数量、库存数据，减轻事务性工作的同时为大数据平台提供强有力的数据支持。可在文创空间设计互动屏幕，观众通过点触可了解文创产品。

（6）餐饮空间。餐饮空间既是辅助的服务空间，也是博物馆文化传播的辅助空间。在"将人的需求放在更重要的位置"的理念下，提高观众观展的舒适度和幸福感越来越受到博物馆工作者的重视。博物馆公共空间中的餐饮空间类型有咖啡厅、茶馆、主题餐厅、快餐厅等多种形式，设计的规模、尺度和面积大小应依据博物院规模的大小和人流量把控，空间应有一定的限定性和独立性。可建立微信服务平台，观众可通过微信的数字化服务平台了解博物馆的相关文化，完成点餐操作。

（7）卫生服务空间。博物馆的卫生服务空间基本包括游客卫生间、母婴室、医务室，大中型博物馆每层陈列区需配置男女卫生间各一间，当该层陈列面积超过 $1000m^2$ 时，还应适量增加卫生间数量。可见卫生间在博物馆的合适设置是极其重要的，设计时要合理设置卫生间数量，考虑观众是否方便寻找等因素。数字化的背景下博物馆公共空间设计中，卫生服务空间是不容忽视的空间，应通过智能化手段提高公共服务品质。

（三）博物馆公共空间数字化设计建议

第一，注重公共空间界面一体化和模糊化相结合。博物馆公共空间界面的明确，利于有效地划分动、静区域，保持观展环境的有序，同时也便于博物馆内部的管理，如餐饮空间、文创展卖空间应与交通空间和展览空间独立，以保证游客有完整的观展和休闲体验。但随着数字化技术的不断发展，参观行为的多元化发展和观展体验的多样化需求，博物馆公共空间的功能界面也逐渐模糊，交叉融合的复合型空间设计成为主导。基于数字化、智能化技术的应用使公共空间的功能复合型更强，这使游客的行为活动和体验更加丰富。

第二，注重智能化技术在公共空间的应用。博物馆传统陈列展示的方式方法已经得到了较为充分的发展，能够基本满足观众多年来对文物知识、历史文化信息的需求。随着智能化技术，互联网技术的发展，目前传统的博物馆展示方法已经无法充分吸引观众，而智能化的导览、场景互动体验和展品全视角展示让观众在与虚拟文物交互中产生身临其境的感受，增强展览的形象感和趣味性。在博物馆公共区域适当设置电子互动屏、VR互动区、沉浸式体验区等，借用智能化技术手段丰富博物馆公共空间，提供给观众多维的博物馆体验，提高观众参与度。通过智能导览、语音导览等信息化、智能化手段可以给观众提供更好的服务。

总而言之，博物馆公共空间规划设计是新时期的一个崭新课题，探索数字化和智能化在博物馆公共空间规划设计中的应用，对博物馆的展览体系和服务体系的发展具有积极的意义。博物馆作为公共文化服务事业的重要组成部分，服务社会和服务公众是博物馆义不容辞的义务和责任。服务质量的优劣不仅仅停留在藏品数量和质量的增长、展览体系的建立、展陈效果的提高上，公共空间功能的完善、配套健全、使用的舒适度都是对博物馆品质评判的标准。要让博物馆更具特色，更具吸引力，让观众有更加舒适的博物馆体验，博物馆公共空间的塑造的优劣就显得十分重要。高度信息化的物联网、大数据、互联网及人工智能等技术的发展为博物馆公共空间的设计提供了更多的可能性，给观众带来更加丰富的、完整的博物馆体验。

思政园地

侵华日军南京大屠杀遇难同胞纪念馆为铭记侵华日军攻占南京后制造了惨无人道的"南京大屠杀"的暴行而筹建，是中华民族灾难的实证性、遗址型专史纪念馆，也是中国唯一一座有关侵华日军南京大屠杀的专史陈列馆及国家公祭日主办地。通过设计展示"南京大屠杀"的历史事实和罪行，纪念馆旨在引发观众对人性的思考，也时刻提醒着我们这段血与泪的历史。通过深入了解历史，观众可以更好地认识到和平的重要性。其设计具有如下特点。

庄重肃穆：纪念馆的设计力求庄重肃穆，设计元素通常选择深色调，空间布局简洁而不繁杂，营造出凝重的氛围。

纪念性符号：纪念馆常常采用具有象征意义的符号和标识，如纪念碑、悼念墙、无名墓等，以强调对遇难同胞的纪念和追思。这些符号常常体现着和平、和谐、悲痛和希望的主题。

多媒体技术应用：为了更好地向观众传递历史信息和感受，纪念馆常运用多媒体技术，如触摸屏、投影、音频和视频设备等，以展示历史照片、视频资料、目击者证词等，增强观众的互动和参与感。

人性化的互动体验：为了拉近观众与历史事件的距离，纪念馆设计常常注重观众的互动体验。例如，观众可以通过触摸屏或其他互动装置参与互动式展览，观看多媒体资料，或是参与教育活动和讨论。

教育与启发功能：纪念馆的空间设计旨在通过展示和教育，让观众更加深入地了解"南京大屠杀"的历史真相，并激发对和平、正义、人道主义的思考和追求。设计中常常包含有关和平、人权、反战、抗暴的教育元素，以引导观众思考和珍惜当今的和平环境。

尽管建设侵华日军南京大屠杀遇难同胞纪念馆的目的是向人们展示南京大屠杀期间的惨状和苦难，但它们通常以客观和真实的方式呈现历史，而不是过度渲染苦难和暴行。纪念馆的空间设计更注重传达历史真相和教育观众，以引发思考和反思，也让人对当今的幸福生活更加珍惜。

模块六

公共空间设计实训与数字化延展

项目一　观演空间与办公空间设计

一、观演空间设计

（一）观演空间的类别

歌剧剧场以演出歌剧、舞剧为主，舞台尺度较大，容纳观众较多，视距可以较远；话剧剧场以演出话剧为主，音质清晰度要求较高，观众要能够看清演员的面部表情，规模不宜过大；戏曲剧场，以演出地方戏曲为主，兼有歌剧和话剧的特点，舞台表演区较小；音乐厅以演奏音乐为主，音质要求较高；多功能剧场，用以演出各个剧种，亦可满足音乐、会议的使用。经营类剧场可分为：专业剧场，以演出一个剧种为主，属于某类专业剧院；综合经营剧场，供各演出团体租用。从规模而言，观众容量在 1600 人以上的为特大型剧场，容纳量为 1200～1600 人的为大型剧场，容纳量为 300～800 人的则为小型剧场。

（二）观演空间设计要点

1. 观众厅部分

观众厅的音质设计是关键所在，当自然声不能满足声压级要求或清晰度要求时，需设置扩声系统。根据观演关系组织平面、剖面，确定舞台形式，同时根据声学要求确定观众厅或观演厅的体积、混响时间，充分利用直达声，有效组织早期反射声，防止产生声学缺陷。协调灯光、电声、建声、空调、消防系统之间的关系。对于特殊形体设计，应加强视听功能的协调，有效组织空间早期反射声。观众厅设计如图 6-1 所示。

图 6-1　观众厅设计

设楼座的厅堂，应控制楼座及楼下池座空间的高度、深度比，从而使观众厅拥有一个完整的声学空间。观众厅的平面形式多种多样，根据观众容量、视线平面要求及建筑环境进行组合。一般有矩形平面、钟形平面、扇形平面、多边形平面、曲线形平面、楼座平面等。

各类观众厅的音质特征要素较多，如早期反射声及声方向感、直达声与混响声能比、混响时间及其频率特征、混响声场扩散、音乐演出的平衡等。其中，部分性能和观众厅的基本形式有关，部分性能和观众厅的音质设计有关。观众厅的音质设计是关键所在，当自然声不能满足声压级要求或清晰度要求时，需设置扩声系统。现代演出中，扩声系统已必不可少。扩声系统的声源位置、声源声功率、声源指向特征等与自然声源完全不同，其音质特征有较大差别。扩声系统运用多种手段调节音质（如混响、延时、均衡、激励等）在很大程度上是改变自然声的厅堂音质条件。根据观演关系确定舞台形式，组织平面、剖面；根据表演特点、声源特性确定观众席的形式，同时根据声学要求确定观众厅或观演厅的体积、混响时间，充分利用直达声，有效组织早期反射声，防止产生声音缺陷，协调灯光、电声、键声、空调、消防等系统之间的关系，塑造观众厅的形体。中小型剧场不宜设楼座以提高视高差，增强直达声。

（1）天花板。空间声反射体形式是在需要混响时间较长、观众厅体积较大的厅堂内，设置的空间反射体（亦称浮云式反射板），以弥补天花板早期反射声的延迟时间。音乐厅常采用此种形式，现代多用途的剧场观众厅也常采用。空间声反射体的形式多样、造型别致，可以为观众厅的空间设计带来丰富多彩的形式变化。

（2）座椅。剧场均需设置有靠背的固定座椅，小包厢作为不超过 12 个时可设活动座椅。座椅扶手中距离，硬质椅不小于 0.5m，软椅不小于 0.55m。在采用短排法时，硬椅座席的排距不小于 0.8m，软椅不小于 0.9m，台阶式地面排距适当增大，椅背到后排最凸出部分的水平距离不小于 0.3m，双侧有走道时不应超过 22 座，单侧有走道时不超过 11 座。采用长排法时，硬椅座席的排距不小于 1.0m，软椅不小于 1.1m。台阶是地面排距也要适当增大，椅背到后排最凸出部分的水平距离不小于 0.5m。每排座位排列数目：双侧有走道时不超过 50 座，单侧有走道时不超过 25 座。

观众厅走道的布局与观众席片区容量相适应，与安全出口联系顺畅，宽度符合安全疏散计算要求。两条横走道之间的座席不宜超过 0.8m，纵走道不小于 l.0m，横走道排距尺寸以外的通行净宽度不小于 l.0m. 而长排法时边走道不小于 1.2m。观众厅纵走道坡度大于 1：10 时应做防滑处理，铺设地毯，并有可靠的固定方式。坡度大于 1：6 时，以做成高度不大于 0.2m 的台阶为宜。

2. 前厅、休息厅

观演空间入口处设前厅，前厅以楼梯或电梯连接楼廊，两侧设休息厅，或在前厅上部设走马廊。通常做法是以入口层大厅作为前厅，前厅设存衣室、洗手间等服务设施，楼上作为休息厅，或前厅兼休息厅使用，可设在观众厅的正、侧向或设前厅而不设休息厅，以室外休息廊或休息庭院代之，可按每座 0.25m² 计算。

3. 舞台部分

舞台的形式主要包含：①镜框式舞台。镜框式舞台适用于大、中型歌舞剧、戏剧和多用途剧场，它适用于各种剧种及音乐演出，配合各种类型的观众厅，已成为多用途剧场的一般观演形式；②伸出式舞台。伸出式舞台被观众席三面环绕，观演关系密切，直达声能较强，常被多用途舞场所采用，演出厅一般有完善的扩声系统；③幕布。舞台幕布的种类与做法多样，形态各异，有大幕、前沿幕、场幕、纱幕、二道幕（三、四道幕）、天幕、边幕、沿幕等。其中，大幕又分为对开式、蝴蝶式、提升式、串叠式等，造型美观，既可在演出时起到启闭舞台的作用，又很好地装饰美化剧场；④乐池，乐池为乐队伴奏和合唱队伴唱的场所，歌舞剧的乐队、合唱队在乐池中伴奏和伴唱，京剧常在舞台上演员下场口处伴奏，越剧、沪剧、黄梅戏等常在乐池中伴奏。一般乐队每人所占面积不小于 1m²，合唱队每人占面积不小于 0.25m²。

4. 后台部分

（1）演出用房。化妆室应靠近舞台布置，主要化妆室应与舞台同层；当在其他层设计化妆室时，楼梯应靠近出场口，甲、乙等剧场有条件的可设电梯。化妆室的采光窗需设置遮光设备，其内部还要设置洗脸盆，甲、乙等剧场的化妆室设独立的空调系统或部分分体式空调装置。甲等剧场应不少于四间化妆室，使用面积不小于 160m²；乙等剧场不少于三间，使用面积不少于 110m²；丙等剧场不少于两间，使用面积不少于 64m²。

服装室的门，净宽不小于 1.2m，净高不小于 2.4m。小道具室宜于靠近演员上、下场口附近设置。对于甲、乙等剧场而言，应设置乐队休息室和调音室，休息室和调音室的位置要与乐队联系方便，并且防止调音噪声对舞台演出造成干扰。盥洗室、浴室和卫生间不应靠近主台来布置，后台还需要设灯光库房和维修间。面积视剧场规定而定。后台的过道地面的标高应和舞台一致。净宽不小于 2.1m，净高不低于 2.4m。

（2）辅助用房。排练厅的大小要根据不同剧种的要求来设定，当兼顾不同剧种使用要求时，厅内净高不小于6m，乐队排练厅的设计需要按照乐队的规模大小设定，面积可以按2.0~2.4m²/人计。合唱排练厅的地面应做成台阶式，每个合唱队员所占用的面积可按1.4m²/人计。每间琴房的面积不小于10m²，还要设置空调，以保持室内温度恒定。要注意排练厅、琴房不应靠近主台，防止声音对舞台演出的干扰。

5. 观演空间装饰环境设计

（1）照明设计。首先，光环境设计以舞台灯光布置为代表，舞台灯光种类繁多，其布置方式也要遵循特定的规律，灯光类型包括面光、耳光、台口内侧光、第一道顶光、顶光、天幕区灯光、流动光、脚光、天桥侧光、外顶光等，此外还要加设灯光控制室、舞台监督控制；其次，舞台照明没有一定的模式，因剧种和艺术风格而异，灯具配备的差别也很大，只要条件允许，应尽可能将灯种配足，供灯光师选用，灯具配备的最低限度以保证台面的平均照度不低于500Lx。

（2）声环境设计。声环境设计以观众厅的天花板设计为代表。观众厅的天花板形式是以观众厅音质设计，面光桥、观众厅照明、建筑艺术和室内设计的综合，是音质设计重要的组成部分，一般根据向然声声源早期反射要求与建筑艺术、室内设计的要求进行设计。大中型剧场以电声为主时，需要对电声设计易出现声学缺陷处（如观众厅后墙等）进行调整设计。

多用途厅堂自然声演出时，要重视天花板早期反射声面与舞台反射罩的设计，其已形成早期反射系统特别是需要较长混响时间的音乐厅，天花板一般采用分层形式（即在观众厅天花板下加设声学反射面）。具体而言，观众厅的天花板形式有声反射式，反射、扩散式，空间声反射体形式等。

声发射式是根据几何学早期反射声原理设计的天花板。在以自然声为主的厅堂中，常采用此手法，无楼座的剧场更容易实现。反射、扩散式天花板即舞台台口前天花板作为早期反射声面，远离台口的观众厅天花板作声反射、扩散面设计，以改善观众厅色音质；有楼座的观众厅天花板的设计，常常采用这种形式。

二、办公空间设计

办公活动伴随着人类社会的发展而发展，最早是在一个特定的空间场所内进行以物易物和部族管理等活动，这是办公行为的雏形。虽然在办公方式上还不完善，在空间性质上还不确定，但办公的意义已定性，即为生存而存在的活动。从任何一个城市的中心举目望去，鳞次栉比的办公楼占据了人们的视线，办公楼的规模、数量几乎成为衡量一个城市现代化程度的标准，而这些建筑内部的办公区域则更是形式繁多、系统复杂，这是因为现代办公已不再是一种传统单一的伏案工作方式，科技的高速发展和网络技术的广泛应用带来了办公环境的变革。

现代办公空间实际上是集整体功能性于一体并传递一种生活体验，让使用者在每天忙碌的现实世界中体会到由建筑环境带来的悠闲心境的场所。传统单一设计的办公空间已无法满足员工的心理需求，一个好的设计师，要为客户带来完美和谐的设计概念，既坚持体现公司运营的需要，又能在统一完整的主题下富于变化，为员工提高工作效率创造便捷、舒适的环境。办公空间设计如图 6-2 所示。

图 6-2　办公空间设计

（一）办公空间的类别

按空间性质分类，可分为开敞性、封闭性、流动性、虚拟性；按办公形式分类，可分为公共区域、单间、套间。

第一，开敞型办公空间常作为室外空间与室内空间的过渡空间，有一定的流动性和趣味性，这是人的开放心理在室内环境中的表现。开敞型办公空间可分为外开敞式办公空间和内开敞式办公空间，外开敞式办公空间的侧界面有一面或多面与外部空间渗透，顶部通过玻璃的装饰也可形成开敞式的效果；内开敞式的办公空间的内部一般形成内庭院，使内庭院的空间与四周的空间相互渗透。

第二，封闭型办公空间是由限定性比较高的实体包围起来的办公空间，在视觉与听觉上有很强的隔离性，具有很强的区域感、安全感和私密感。在封闭型办公空间中，常采用镜面、人造景窗和灯光造型等来打破空间的沉闷，增加办公空间的层次。

第三，流动型办公空间指单个办公空间单元体相互间连贯，随着视点的转移而得到不断变化的透视效果，能够把空间的消极、静止的因素隐藏起来，尽量避免孤立、静止的单元组合，追求连续、运动的办公空间形式。流动型的办公空间在对空间的分隔上保持动感。流动型办公空间的目的不是追求炫目的效果，而是寻求表现人们生活在其中的活动本身，不仅具有时尚感，而且是寻求创造一种既具有美感，又能表现使用者有机活动方式的空间，空间的连续与避免单元的独立静止是流动空间的特点。

第四，虚拟型办公空间是一种既无明显界面，又有一定范围的办公环境，它没有完整的隔离形态，也没有较强的空间限定度，靠的是局部形体给人的启示，依靠由启示产生的联想来对空间进行划分。虚拟型办公空间可以借助柱子、隔断、家具、绿化、照明、色彩、陈设、材质等因素的运用而形成，当然也可依靠空间本身的高低或落差等因素来塑造，这些元素往往也会成为室内空间中的重点装饰，为空间增色。

（二）办公空间设计的原则

第一，再创造原则。办公空间的创造在传统的基础上有很大的突破，根据物质和精神的双重要求，打破室内外及层次上的界限，着眼于空间的穿插、交错、延伸、变换等不同空间类型的创造

第二，功能性原则。是否满足功能的要求是评判一个室内空间设计好坏的基本准则。功能是设计中最基本的层次，设计师进行办公空间设计就是为了改善人们的办公环境，满足人们工作和心理上的需要，所以，一个办公空间的设计与使用者的目的有直接关系。空间的功能实现需要形式的表现，应该考虑到形式与功能的内在联系，考虑空间相互间的关联性，达到形式与功能的完美结合。

办公空间中功能的需求包括：①人本身的需要，集体需要、个人需要、喜欢的事物和颜色、特别的兴趣等；②地点的需要，个人空间、私密性、交通流线等；③质量需要，舒适、安全、耐久性、维护和保养等；④行为需要，安全感、音响品质、光照、温度、通风性等。

功能对空间的规定表现在量和形两个方面，量和形的适应还需要具备与功能相配备的条件，如采光、通风等，具体包括：①与功能相关的内容，空间关系的布局、环境的比例尺寸、交通路线的安排、家具的陈设、绿化设计、通风设计、设备安排等；②与形式相关的内容，形态结构、色彩处理、比例尺寸、明度设计、整体气氛等；③与设备构造相关的内容，电气设备、通信设备、通风设备、消防设备、施工工艺、装饰材料等。

（三）办公空间设计的理念

首先，协作理念，现代办公空间体现了合作关系的重要性，提供或创造有利于人们连续合作的地点和空间，已成为办公空间设计的组成部分；其次，流动理念，现代办公空间鼓励人们在任何地方以各种形式工作，使工作更具创造力，更能提高工作效率；再次，交流理念，促使职员去增长、交换、共享和转换知识，使空间具有相互交流的气氛；最后，社区理念，现代办公空间的功能更具综合性，除了封闭的工作区域外，还会设置咖啡厅、游廊等独立单元，组合创造出具有创造性及协作性的办公空间风格。

（四）办公空间设计的要素

人与机、人与人、人与环境这三组关系，是办公空间的设计基本要素，它不仅是形式的或视觉的，更应当是空间与人的融合，主要包含以下几方面。

第一，人与机的关系。"人性化"的现代办公空间设计，要以为工作人员创造优质的工作环境为目的。因此，人性化的办公空间设计，要充分考虑并处理好办公设备、办

公家具等元素与人的关系，重视功能的实用性。

第二，人与人的关系。"办公空间既要保证个人的私密性，又要考虑同事间的接触机会，要保证良好的工作环境和合作气氛。"[①]

第三，人与环境的关系。人与环境的关系表现在两个方面，即人对环境的感知和人对环境的需求。首先，人对环境的感知即人对环境的感受，这种感受是多方面的，如环境的空间造型、空间尺度、色彩、光照等给人带来的不同感受，只有处理好这些关系，在该空间内办公才会使人心情愉悦舒畅、效率高；其次，人对环境的需求，人是环境的主体和服务目标，对空间的设计应以人对环境的需求为出发点，满足人生理和心理上的需求。

项目二　餐饮空间与娱乐空间设计

一、餐饮空间设计

（一）餐饮空间的类别

第一，单人就餐空间形式。单人餐饮活动行为主要以小型餐台及吧台两种形式出现。小型餐台一般台板高700～750mm、座椅高450～470mm。吧台主要出现在酒吧或带有前部用餐台的餐饮空间，台面高1050mm、吧凳高750mm。

第二，双人就餐空间形式。双人就餐是一种亲密型用餐形式，所占空间尺度较小，便于拉近用餐者距离，可形成良好的用餐氛围。一般餐饮空间及咖啡厅都采用此种形式。两人方桌边长不小于700mm，圆桌直径在800mm左右，整体占地1.85～2.00m²。

第三，四人就餐空间形式。四人就餐空间形式是一种最为普遍的就座形式，它出现在各种形式的餐饮空间中，成为小范围和家庭聚会用餐的良好选择。一般四人方桌约900mm×900mm，四人长桌约1200mm×750mm，高度在700～750mm，四人圆桌直径在1050mm左右，整体占地面积2.00～2.25m²。

第四，多人就餐空间形式。桌椅数多于六个的座位形式，适用于多人的聚会，通常出现在较大型的餐厅。空间根据座位数的多少，桌子的尺寸有所不同，六人桌一般为1500mm×700mm，八人长桌一般为2300mm×800mm；六人圆桌直径一般为1200mm，八人圆桌直径一般为1500mm，整体占地面积较大。

第五，半围合隔断。半围合的空间形式具有较好的遮挡效果，形式灵活多变，私密性较强，这种形式介乎于散座与包间之间。相对于包间而言，半围合空间占地面积较小，与外界联系紧密封闭的空间可以提供一个较为雅静的就餐环境，促进客户间的情感

① 刘佳，周旭婷，王丽．公共空间设计［M］．成都：西南交通大学出版社，2016．

交流；此外，由于是品尝性的慢节奏用餐，上菜时可增加菜品介绍的内容，充分体现饮食文化。

第六，卡座。卡座与散座相比增加了私密性。卡座的一侧通常会依托于墙体、窗户、隔断等，座椅背板亦可起到遮挡视线的作用，从而形成较为私密的区域。根据不同的用餐人数座位长度不等，一般情况为 4~6 人用餐，餐厅设计中通常将卡座与散座组合设置，这样有利于餐厅环境的多样性。

第七，独立包间。包间这种餐饮形式一般出现在中高档餐厅。独立包间一般可容纳 4~6 人的小型包间应配有餐具柜，面积不小于 $4m^2$；容纳 8~10 人的中型包间配有可供 4~5 人休息的沙发组，面积不小于 $15m^2$；多于 12 人的用餐空间为大型包间，入口附近还要配备供该包间顾客使用的洗手间、备餐间。也有些大包间设两张餐桌，可同时容纳 20~30 人。

与其他复杂的系统一样，餐厅的运作需要各环节运行准确无误。在餐厅设计中，前厅和后厨缺一不可，餐厅中所有的空间不但要考虑到自身的用途，更要考虑它在整个餐厅中所发挥的作用。

（二）餐饮空间设计要求

餐厅是社会需求的结果，人们对于餐厅的要求不仅在于品尝美食，更是一处放松身心、休闲娱乐、商务谈判、享受服务、感受温馨的环境。人们去餐厅的目的并非仅仅是果腹，而且是对于环境、气氛、情调等一系列期待实现的过程。因此，餐厅提供给客人的不仅是美食，也有美景，消费者除了享用美味佳肴、享受优质服务之外，还希望得到全新的空间感受和视觉效果，希望有一个能充分交流的特殊氛围。餐饮空间设计如图 6-3 所示。

图 6-3　餐饮空间设计

第一，定位消费人群。对于餐厅设计而言，消费群体的定位是第一要素，它是设计者进行设计的第一依据。通过调查分析客户对象，有利于确定设计风格、店面形象、菜品价格的定位。设计师深入分析客户层的特征，针对年龄、收入、职业、消费意识等因素来设定消费对象，从而以其为背景来设计他们所需求的空间环境

第二，就餐需求的多样性。消费者对于餐厅的需求可归纳为用餐的场所、娱乐与休闲的场所、喜庆的场所、信息交流的场所、团聚的场所、交际的场所、享受美食的场所，以不同的消费需求为目的所产生的消费者对餐厅环境有着不同的需求。

第三，营造特色空间场所。餐馆设立之初就是为了解决"吃"的问题，但随着人们精神与物质需求的增长，人们已不满足单调的生活。喜欢尝试新鲜事物的人们开始接触风味独特的饮食，以享受某种美食为目的；有人为体验异国他乡的饮食文化，感受独特的民族风情；有人以放松减压为目的，追求就餐氛围轻松自在。设计主题餐厅时，要善于观察和分析社会需求的多样性，以此为出发点来确定某一特定主题，无论是空间划分、灯光、色彩还是陈设都应围绕这一主题进行，力求体现该主题的某种特定氛围。

第四，餐厅空间的设施及形式。现代餐饮空间的规划是指功能区域的分配与布局，是按定位要求和经营管理的规律来划分的。另外，还应将环保卫生、消防防疫及安全等特殊要求同步考虑。一般而言，可以将餐饮空间分为餐饮功能区和制作功能区。餐饮功能区包括出入口功能区、接待区、候餐区、用餐区、配套功能区、服务功能区等；制作功能区包括消毒间、清洗间、备餐间、鲜活区、库房、员工卫生区、进货出入口、员工通道等。不同的餐饮等级有不同的功能与之配套。

（三）餐饮空间设计策略

餐饮空间的种类很多，不同类型、不同档次的餐饮空间的设计手法不一样，在主题风格、装饰手法、色彩应用上存在很大的差异。

第一，以地方特色为设计依据。以突出体现地方特征为宗旨，利用特有的风土人情、风光景象、建筑特色、民风民俗为设计要点，设计出具有地方特色的作品。

第二，彰显文化内涵。将传统文化与现代装饰手法结合起来，让文化个性、创意融入餐饮空间的设计中，打造出一种新的饮食文化空间。这需要设计师运用传统的装饰语言和符号元素，收集设计素材，亲身感受历史、风俗和生活习惯来启迪自己的创意思维。

第三，突出科技的运用。装饰材料的发展日新月异，一些设计师在餐饮空间中利用"高技派"的装饰手法，使餐厅环境和用餐过程变得新奇刺激，可满足现代人追求新、奇、特的需求，餐饮空间的设计题材和设计手法非常广泛。随着场地、时间的变化而有所变化，为了保证餐饮空间设计的生命力，要明确创意设计的关键是设计主题的定位、施工材料的选择和制作技术的运用。

（四）餐饮空间的色彩设计

餐饮空间的色彩应用是一门综合性的学科，它没有固定的模式。餐饮空间色彩设计

的要点主要包含以下几方面。

第一，要确定餐饮空间的整体色调。根据"大调和，小对比"的原则，在整体保持统一的前提下，大的色块间强调协调，小的色调与大的色调间讲究对比。

第二，色相宜简不宜繁，纯度宜淡不宜浓，明度宜明不宜暗。

第三，对逗留时间短的空间，可采用高明度的色彩；对逗留时间长的空间，可采用纯度相对低的淡色调。

第四，阳光充裕的地方，可采用淡雅的冷色系；缺少阳光的空间，可采用明亮的暖色系。

第五，在酒吧、西餐厅等场所，可选用低明度的色彩和较暗的灯光来装饰，给人以温馨的情调和气氛。

第六，在快餐厅和美食街，可选用高纯度和鲜艳的色彩，以获得轻松、自由的用餐气氛。

（五）餐饮空间的陈设设计

装饰陈设是各种装饰要素的有机组合，对整个餐厅风格起到画龙点睛的作用，家具样式与艺术品的风格要一致；织物的纹样、色彩要相互呼应，从而为组织空间、营造气氛起到有效的辅助作用，主要包含以下几方面。

第一，家具的陈设。家具的造型和色调要与整个空间统一，与装饰风格协调；布置要疏密得当，避免杂乱无章；合理分隔空间，提高空间的利用率。

第二，艺术品的摆放。艺术品的选择和摆放要根据空间的性质和风格来决定，传统风格的中式餐厅和现代风格的西式餐厅对艺术品的要求是截然不同的。

第三，织物的选择。地毯、窗帘、墙布、台布、壁挂等是餐饮空间常用到的织物，对改善餐厅的室内气氛、格调、意境等都能起到很大的作用。设计师要对织物所呈现的图案、颜色、质地等进行有目的的选择与运用，营造舒适的环境氛围。

二、娱乐空间设计

娱乐是与工作相对的概念，娱乐空间是人们工作之余活动的场所，是人们聚会、交友、欣赏表演、放松身心和进行情感交流的场所。娱乐活动空间形式随着时代的变迁而不断改变，人们对娱乐空间类型多样化需求也越来越强烈。娱乐类空间是人们进行公共性娱乐活动的场所，随着社会经济迅速发展，个性前卫、时尚潮流、丰富的服务使其成为人们工作之后精神放松与交际的首选。娱乐空间的种类繁多，从功能上可以分为文化娱乐型、俱乐部、会所、健康中心及电影院等。

（一）娱乐空间的设计原理

娱乐空间设计的原理与其他空间设计主要包含：①灵活自由的设计手法，追求设计的创新性、独特性，避免轴线式的空间组织形式，界面造型避免对称式的构图；②娱乐空间设计应与声、光、电等技术相结合，娱乐空间除了空间环境的装饰造型外，其灯光布置、音响设计是主要环节，如 KTV 中绚丽的灯光、震撼的音乐，酒吧中弥漫的背景音乐和变幻的灯光等；③注重材料的选用，应用各种材料配合灯光来共同营造效果，尽量使用给人以先进性和现代感的新型材料。

（二）娱乐空间的设计要点

娱乐类空间需要具备鲜明的个性，所提供的环境和服务激发客户的兴趣，现场气氛的营造往往是重点。在设计娱乐类空间时，设计者要分析和解决复杂的空间及功能问题，从而有条理地组织出层次丰富的空间。娱乐空间设计形式由功能决定，不同的娱乐方式决定了不同的设计方向和氛围。

第一，营造浓烈的娱乐氛围。一个理想的娱乐类空间需要在空间中创造出特定的娱乐氛围，将建筑空间与情绪感受完美结合起来，最大限度地满足人们的各种娱乐欲望。可以利用照明系统的艺术效果来渲染气氛；可以利用相应的声学处理，将声学和建筑美学有机地结合起来渲染气氛；可以利用空间形态、色彩、材质及饰品烘托气氛。

第二，周全地考虑娱乐活动的安全。娱乐类空间的总体布局和流线分布应围绕娱乐活动的顺序展开。流线分布应利于安全疏导，通道、安全门等都应符合相应的防灾规范，织物与易燃材料应进行防火阻燃处理，灯光较暗的场所的通道不宜用踏步式，尽量使用无障碍设计，同时应配置地脚灯照明，紧急照明的电源应接事故发电机。

第三，用独特的风格吸引消费者。独特的风格是娱乐类空间设计的灵魂，可以利用一些主题进行发挥，在布局、用色、造型上大胆、个性风格独特的娱乐空间能让顾客有新奇感，可吸引顾客并激发其参与欲望，这已成为娱乐空间的卖点。

第四，注意空间形态对视觉效果和听觉效果的影响。以视听娱乐为主的娱乐类空间，在营造空间时应考虑空间形态对视觉效果和听觉效果的影响，应注意观众席的分布形式和表演台或幕布的关系。观众席的分布范围与表演台及幕布的远近距离、座位的摆放曲率、前后观众的视线错位关系、俯视和仰视夹角大小等都应慎重考虑适当做吸声处理、声扩散处理和声音反射处理，利用各界面的几何面声学效应创造良好的听觉效果。

第五，尽量减少对周边环境的干扰。有视听要求的娱乐类空间（如 KTV 中心、演艺吧等）应进行隔声处理，防止对周边环境造成噪声污染，符合国家相应的噪声允许水平规定；酒吧、演艺吧等有舞台灯光设施和霓虹灯的娱乐类空间，照明措施应符合相应的法规，防止产生光污染。

（三）娱乐空间设计的区域划分

第一，迎宾区。迎宾区是吸引客人注意力，使客人第一时间感受到娱乐气氛的空间，承担整个空间的出入口作用，一般配有迎宾台或服务台提供问询服务，通常利用光怪陆离的光影、生动的背景音乐和动态的空间形式引导客人进入空间内部。电影院迎宾区设计如图 6-4 所示。

图 6-4　电影院迎宾区设计

第二，休息等位区。休息等位区主要是供客人等候座位使用，配有沙发、茶几及音响设备，有的娱乐类空间（如酒吧）利用影像设备实时转播娱乐现场情况，让客人提前进入娱乐气氛中，使客人有强烈的参与欲望，休息位的数量应与整个娱乐空间的座位数量匹配。

第三，饮品及食品操作区。娱乐类空间都配有小型的饮品或食品操作区，为客人提供饮品或食品（如电影院的零食部、酒吧的酒水吧和水果房等），一般由酒水吧、小型超市或零食部、小型厨房、配菜间、水果房等组成。提供自主餐点的娱乐类空间需要配备厨房及操作间，饮品或食品操作区都需要良好的卫生条件，应采用容易清洁的材质。

第四，娱乐区。娱乐区是整个娱乐类空间的中心部分，可以分为大厅式和包房式两种形式，一般设有屏幕、表演台、演奏台、服务吧台、观众席、酒水吧台、休息座椅等。互动性比较强的娱乐空间（如演艺厅、歌舞厅、卡拉 OK 大厅等）一般将观众席围绕表演台设置。欣赏性比较强的娱乐空间（如电影院、剧院、音乐厅等）一般将观众席面对表演台设置。以个人或小团体为单位进行娱乐的娱乐类空间（如网吧、KTV 包房、棋牌室等）往往以隔间和包房的形式设置。

第五，设施设备区。大部分娱乐类空间都配有大量的娱乐设施设备，如 KTV 中需要音响设备、电影院中需要放映设备、舞厅及演艺吧中需要舞台灯光设施，这些设施设备大多设有专门的设备房以供工作人员操作调试。有的设备房需要留有窗口以便工作人员实时掌握现场设备运行情况，如酒吧中的 DJ 室、电影院的放映室等。配置设施设备区时应注意设备存放尺寸和操作尺寸，预留管线以便设备的增减。

项目三　商业空间展示设计数字化

商业空间展示设计数字化是指利用数字技术和工具来改善和优化商业空间的展示设

计过程和结果。随着科技的快速发展和数字化转型的不断推进，数字化展示设计已经成为商业领域的一个重要趋势和创新方式，它不仅为商业空间的展示提供了更多的可能性和灵活性，还可以带来更加高效和精确的设计过程，提升商业空间的吸引力和营销效果。数字化展示设计能够提高设计效率和精确度，减少误差和成本，为设计师和客户之间的沟通和合作提供了更多的可能性和便利性，增加了设计的参与度和客户满意度。与此同时，数字化展示设计还可以提升商业空间的宣传和推广效果，增强品牌形象和市场竞争力。

　　在传统的商业空间展示设计中，设计师通常需要依靠手绘图纸和样板来表达设计理念和思路，这种方式存在着一定局限性。通过引入数字技术，设计师可以利用计算机辅助设计（CAD）软件来进行商业空间的模拟和呈现，实现更加精确和直观的设计效果展示。

　　数字化展示设计在商业空间设计中的应用非常广泛。首先，数字技术可以为商业空间的布局方案和装修风格提供更多的选择和可能性，设计师可以使用虚拟现实（VR）技术来模拟不同的空间布局和装饰方案，让客户在虚拟的环境中亲身体验和感受，从而更好地理解和接受设计方案；其次，数字化展示设计还可以帮助设计师和客户更好地进行沟通和合作，设计师可以通过使用三维建模软件来创建商业空间的精确模型，并在模型中进行动态展示和编辑，使设计过程更加直观和高效，而客户可以通过与设计师共同操作模型，实时提出修改意见和建议，从而更加积极地参与合作；最后，数字化展示设计还可以提升商业空间的宣传和推广效果，通过利用数字媒体和互动技术，设计师可以将商业空间的展示效果生动地呈现给更多的观众。例如，设计师可以利用虚拟现实技术将商业空间的设计方案呈现在电视、电脑或移动设备的屏幕上，引导观众进行虚拟参观和体验，通过在社交媒体上分享商业空间的数字化展示作品，吸引更多的关注和传播，增加商业空间的知名度和影响力。

　　数字化展示设计的发展离不开数字技术和工具的支持。在商业空间展示设计中，常用的数字技术和工具包括计算机辅助设计软件、三维建模软件、虚拟现实技术、数字媒体和互动技术等，这些技术和工具的不断更新和演进，为商业空间展示设计的数字化提供了更多的可能性和创新空间。例如，随着虚拟现实技术的成熟和普及，设计师可以利用头戴式显示设备来实现更加逼真和沉浸式的商业空间展示体验。而随着人工智能和机器学习技术的进一步发展，设计师还可以利用这些技术来自动化部分设计过程，如根据用户需求和数据分析生成优化的商业空间布局方案，这些技术的不断发展和创新将进一步推动商业空间展示设计的数字化进程。

　　在商业空间展示设计的数字化过程中，尤其需要注意数据隐私和信息安全的问题。设计师可能需要处理大量的客户和商业空间的数据，包括平面图、建筑结构、装修材料等。在利用这些数据进行数字化展示设计时，设计师须确保数据的保密和安全，以防止泄露和滥用。因此，设计师需要采取相应的安全措施和规范，如数据加密、访问控制和备份等，保护客户和商业空间的利益。

然而，商业空间展示设计的数字化也面临着一些挑战和问题。一方面，数字化展示设计需要设计师具备一定的技术和技能，能够熟练地操作和运用数字技术和工具，设计师需要不断学习和更新自己的知识和技术能力，才能适应数字化展示设计的要求；另一方面，数字化展示设计还需要投入一定的时间和资源。虽然数字技术的不断普及和成本降低使得数字化展示设计变得更加可行和经济，但仍然需要一定的投入来购买设备和软件，并进行相应的培训和支持。

总而言之，商业空间展示设计的数字化是商业领域的一个重要趋势和创新方式。通过利用数字技术和工具，设计师可以实现更加精确、直观和高效的商业空间展示设计。然而，数字化展示设计也需要设计师具备一定的技术和技能，并注意数据隐私和信息安全的问题。随着数字技术的不断发展和创新，商业空间展示设计的数字化将进一步推动商业领域的发展和创新，为商业空间的展示和推广带来更多的可能性和机会。

项目四　数字化公共艺术空间设计

公共艺术空间是一个面向公共大众开放的、具有实用性功能的建筑空间，保证其实用性的同时提高其艺术性，能提高建筑实体的艺术美感。"随着时代的发展，人们对电子科技产品的依赖与日俱增，数字化的视觉形式无处不在，公共艺术空间数字化元素的利用，在一定程度上满足了当代人们的审美需求，改变了传统公共艺术空间打造的模式。"① 艺术与建筑空间的结合得到了改进，带来全新的感官体验。数字化技术的应用无疑是现代公共艺术空间设计的必然趋势，蕴含着广阔的发展前景。

一、数字化公共艺术空间设计的理念

第一，智能化。审美意识是社会意识的一种。智能手机的普遍使用是公共艺术空间设计智能化的必然需求。公共空间具有受众普遍接受的特性，面向的是各式各样的公众群体，智能化满足了不同人群的需要。智能手机的普及方便了空间与公众的互动。空间的设计以人为主体，服务于大众，智能化使建筑实体人性化，使人融入空间，与空间中的各种实体进行互动，通过智能化模式的运用，人们日常使用的手机等通信工具也能与空间中各种智能化图像、建筑等公共空间中的设备链接，实现人与空间互动的智能化模式。智能化设备更能将数字化的声、光、电所带来的视觉效果转化为整体空间视觉效果的一部分。

---

① 朱万雷．数字化公共艺术空间的设计［J］．百科知识，2022，（9）：29.

第二，综合性。公共艺术空间的设计具有综合性的特点。一方面是满足承接活动项目的综合性；另一方面是设计材料的综合性，满足公众感官的综合性体验，如视觉、触觉、听觉等。空间中除了常规性建筑材料之外，还需要加入一些实体性材料，如钢铁、木材、纤维等设计的装置艺术，这是数字化虚拟空间所依托的实体物质。利用这些材料做实体造型的支撑，可以设计出理想的框架模型，然后再利用声、光、电元素，赋予其运动形态及色彩装饰、图像装饰，这样传统静态的装饰艺术就会展现出生命力，能与人们互动起来。各种形式、途径的运用无一不是为了提高每个人在空间中的美感体验，因此，它是综合性的。

第三，互动性。公共艺术空间中的人是空间设计的承载者，是公共艺术空间服务的主体，而人的感官不仅仅限于视觉，人们会根据空间中的各种形态产生本能的各种感官冲动。而要满足这些冲动，空间设计必须是互动的，使人们随着空间的变化参与其中。空间能对所处其中的人产生作用，人也能对空间的变化产生作用。空间不但能调动人积极参与的兴趣，而且能拓宽人的想象空间，空间所呈现出来的效果得到更进一步的提升，增加参与空间互动的用户流量，提升空间对公众的吸引力，提高公共艺术空间的使用率。

二、数字化公共艺术空间设计的条件

第一，公共性条件。一方面，公共性是其功能性的需要，该公共艺术空间所承担的功能决定了其受众的对象，展示型公共艺术空间与服务型公共艺术空间的对象就有所区别；另一方面，同一类公共艺术空间因其所处的区域位置不同也有其特殊性，如城市公共艺术空间与城乡公共艺术空间的区别。但整体上都有其公共性的特征，其服务的对象是公众而不是个体。这种公共性决定了其在位置的选择上必须有所侧重。人流量达到一定数目、使用率达到一定量才具备公共艺术空间打造的条件。空间在具体位置上过于偏僻或人流量相对较少，空间的打造就起不到面向公众的效果。

第二，技术性条件。随着数字化技术的发展，公共艺术空间的数字化互动性成为可能。整个空间是运动变化的，随着人们的需求而发生变化，体现空间中人的个体意愿。公众手动参与到互动性设施中，通过触动设施进一步带动图像的变化，而不单单是观赏，人在观赏的同时也融入公共空间的艺术氛围之中。各种数字化技术的介入，使人们可以随着自己的所想控制空间的各种影像变化。

第三，适应性条件。数字化公共艺术空间因其所在的具体位置而决定其整体设计规划，既要与周边的环境相适应，也要与所在地的气候、风土、人文风俗相适应。开放性空间在户外的相对空间面积较大，其空间设计的内容要与周围的自然环境相融合，但存在一定的困难，如在白天自然光环境下，数字化的灯光、影像设施不容易发挥显著的作用。而在室内封闭性空间，数字化灯光、影像的效果就较为明显且易控制。此外，室外自然气候条件也影响设施的防腐效果，室外墙体的外立面也要做特殊处理。室内封闭性空间各种元素的利用则更容易控制。

三、数字化公共艺术空间设计的元素

第一，声。声音是人们感官所接受信息的一种。在公共艺术空间中，利用数字化技术在空间的墙体立面上能实现数字化图像与声音的结合，图像中有水在流动，流水的声音即同步发出，图像中树木被风吹拂，即有风声发出，这样空间中所有的图像均与声音相协调。美妙的音乐、悲伤的音乐所带来感官体验是不同的，空间中声音元素的加入能使人们更能融入空间。

第二，光。光是人们视觉感官的主要载体，数字化技术能将想要的图像呈现在空间的设定位置。图像在空间中的交错、穿插、流动能产生不同的视觉效果。一方面数字化图像直接出现在空间中平面的设定位置；另一方面也能作为实体灯光使用，如在形体上类似事物的灯饰，在实体空间中通过排列、并置也能出现空间的艺术效果。例如，麦田可以用像麦穗一样的灯饰，在地面排列，这些实体的类似物与多媒体图像的呈现不同，它们是实体的、可触摸的。无数个麦穗在地面上排列，通过数字化媒体的镜头投影也能呈现麦田的图像。两者可以穿插使用，虚拟的图像与实体的空间结合。空间顶面也可以配以黑色，模拟星星的灯饰。

第三，电。数字化空间打造主要依靠"电"提供能量支持，可以使空间具有动态效果，感应到人们的肢体语言，从而空间影像相应地发生变化。与传统的机械动力设施相比，能提高空间的利用率，节省空间中不必要的设施。

四、数字化公共艺术空间设计的实践

（一）打造纵深空间

纵深空间的打造方式主要包括以下几方面。

第一，利用数字化媒体形成影像。影像必须有建筑实体所承载的平面或者是数字化显示屏幕、LED（发光二极管）屏等。图像是平面的，图像存在的空间是虚拟的，这种虚拟的空间是人们想象的，图像对意识有连带性联想延伸，事物间在时空上或逻辑上有联系，能形成联想，如电影、电视、绘画作品，它以平面化的实体形态展示出具有近、中、远的虚拟视觉纵深空间，这种形式可以根据需要变化图像，节约投资成本，使图像的变换更加方便快捷。但这种方式也有缺点，因为它只能在图像所承载的平面内生成，客观上它是在实体平面内生成的影像。

第二，实体化空间影像。利用各种实体事物形成实体化的影像，利用各种材料模拟实体化的物质，并用光、电等形式增加其逼真度，这种形式的图像生成方式是实体化的、固定的。如利用钢铁、木材等材料打造植物、河流等实体事物，并结合数字化的灯光效果，近处草的灯光与远处草的灯光有颜色、大小等的区别。利用透视原理，可在空间中打造各种模拟实体的事物。透视法的合理运用可使画面中的物体显示出纵深感和距离感，这种打造空间的方式造价相对较高，所有空间中的事物是实体的、固定的，无法在空间中移动位置，产生图像位置上的变化，适合于封闭空间的打造。

（二）结合虚实空间

实体空间与虚拟空间的结合是实现空间互动的基本保证，人们只能接触实实在在的实体物质，才能实现互动。实体是空间中虚拟图像的承接物，如打造一条河流，利用数字化技术投射水流的颜色、流动、声音等，当人们接触水流时会产生水流波动的影像，踩入水中会产生声音等，这种结合能提高空间的互动性与真实性。

总而言之，数字化公共艺术空间有着多方面发展的可能性。绘画作品的展示也可以通过数字技术实现。根据绘画艺术作品打造出实体的空间影像，如天空是平面的投射影像，地面事物用实体的材料按照绘画作品中的事物比例制作，然后用灯光配以相应的颜色，再根据绘画艺术作品的内容配以相应的场景声音，充分发挥数字化的优势。因此，人们与数字化设施的互动可以不断产生图像、声音的变化，将平面的绘画艺术作品转换成立体化的空间影像。

思政园地

美国拉斯维加斯碗形剧院（MSG Sphere）于2023年7月4日首次完全点亮。这个全球最大的球状建筑在它的首秀上展示出了令人叹为观止的视觉体验，标志着沉浸式公共空间设计方向的到来。

首先，巨大的360°全景视频显示屏是MSG Sphere的一大特色。该屏幕可以包裹、覆盖和围绕观众，创造出完全沉浸式的视觉环境。场馆内部的LED屏幕总面积达到了16万平方英尺（约1.49万㎡），分辨率为16K×16K，被誉为世界上分辨率最高的LED屏幕。这意味着观众可以欣赏到极为清晰、细腻的图像，营造出逼真的视觉效果，让他们仿佛身临其境。

其次，MSG Sphere还配备了世界上最大的音乐会级音响系统。该系统由大约1600个永久安装和300个移动HOLOPLOT X1矩阵阵列扬声器模块组成，总共包括16.7万个单独放大的扬声器驱动器。利用下一代3D音频波束赋形和波场合成技术，该音响系统能够为每位观众提供可控、一致和清晰的音乐会级音频。这意味着观众无论身处场馆的哪个位置，都可以享受到高品质的音效，营造出真正卓越和个性化的聆听体验。

由此可见，科技创新可以与设计师协同发展。通过引入先进的技术设备和系统，设计可以实现更高的效率、更便利的使用体验和更具互动性的功能。设计师可以为科技创新提供理想的平台和环境。科技创新通常需要一定的试验、研究和开发空间，设计师可以根据不同的科技创新点，提供灵活的功能实践。科技创新和设计的结合还能够带来创新的体验和感知。将设计与科技发展相融合，作品可以为用户提供独特和令人印象深刻的体验。

作为设计师，了解科技前沿是非常重要的。它不仅可以帮助设计师进行创新、改善用户体验，还可以促进跨界合作、推动可持续设计，并提高设计师在市场中的竞争力。因此，设计师应该保持对科技前沿的持续学习和关注。

【项目评价】

公共空间数字化设计项目在城市规划和设计领域具有重大意义。以下是对该项目的评价。

第一，创新性。公共空间数字化设计项目采用了前沿的数字技术和智能化手段，为公共空间的规划和设计带来了全新的思路和方法。通过数字化平台和智能设备，使得公共空间能够更加智能、高效地满足人们的需求，提供更舒适、便利的城市环境。

第二，个性化体验。该项目注重满足不同人群的需求和体验。通过数字化技术，公共空间可以根据个体的特点和偏好提供个性化的服务和体验，增强了居民对公共空间的归属感和参与感。

第三，提升效率。公共空间数字化设计项目优化了公共资源的配置和管理，提高了城市管理的效率。通过实时监测和调整公共空间的使用情况，可以更有效地安排资源和服务，提升公共空间的利用效率和质量。

第四，可持续发展。该项目注重公共空间的可持续发展。通过数字化设计，公共空间可以更好地利用资源，提高能源利用效率，减少废物排放，降低碳排放。这有助于推动城市可持续发展，并提高居民的生活质量。

第五，参与性。公共空间数字化设计项目鼓励公众参与公共空间的规划和管理。通过手机应用程序、社交媒体等渠道，居民可以发表意见、提出建议，参与决策过程，增加公共空间的民主性和透明度。

综上所述，公共空间数字化设计项目具有创新性、个性化、效率提升、可持续发展和参与性等特点。该项目为城市规划和设计带来了更多的可能性，推动了城市发展朝着智慧、可持续的方向迈进。它对于提高城市居民的生活品质、优化城市管理、促进可持续发展等具有重要的推动作用。

参考文献

[1] 党春红，高雅清，罗明夏．城市地下公共空间地面突出物景观装饰设计研究［J］．建筑技术，2021，52（1）：99-103．

[2] 邓璐．数字化背景下博物馆公共空间规划设计［J］．智能建筑与智慧城市，2019（10）：24．

[3] 范佳伟，郑林涛，符冰芬，等．基于疲劳缓解的办公公共空间设计策略［J］．建筑科学，2021，37（12）：159-168．

[4] 葛焱．数字化背景下新型公共文化空间创新设计研究［J］．行政科学论坛，2023，10（6）：46-50．

[5] 郭思哲．光影艺术在公共空间设计中的应用研究［J］．美术教育研究，2023，（8）：109-111．

[6] 郝熙凯．公共空间环境设计原则初探［J］．知音励志，2016（7）：207．

[7] 胡国梁，彭鑫，陈春花，等．公共空间设计［M］．安徽：合肥美术出版社，2017．

[8] 黄阳，吕庆华．城市公共空间创意氛围影响因素实证研究［J］．商业时代，2012（1）：133-135．

[9] 雷鑫海．浅谈以人为本的办公建筑室内公共空间设计［J］．四川建材，2019，45（3）：27-28．

[10] 李范鹤．山西晋城国晋大厦可持续办公空间方案设计［J］．上海建设科技，2023（1）：33．

[11] 李红．陈炉古镇曼悦曼雅精品酒店方案设计研究［D］．西安：西安建筑科技大学，2019．

[12] 李明慧．数字技术对提升城市公共空间景观的作用探究［J］．安徽建筑，2019，26（6）：38．

[13] 李楠，沈海泳．公共空间设计［M］．镇江：江苏大学出版社，2019．

[14] 李星．装饰艺术作品在室内公共空间设计中的运用［J］．艺术大观，2021（17）：79-80．

[15] 刘佳，周旭婷，王丽．公共空间设计［M］．成都：西南交通大学出版社，2016．

[16] 刘力维，江缇，丁山．城市小微公共空间景观设计的异化同构研究［J］．装饰，2022（7）：133-135．

[17] 马书文．城市公共空间设计探析［J］．城市建筑，2021，18（7）：145．

[18] 莫钧．公共空间设计与实践［M］．武汉：武汉大学出版社，2016．

[19] 任丽芬．文化传播视域下的城市公共空间设计［J］．绥化学院学报，2021，41（5）：104-105．

[20] 尚京雨．地域文化在城市公共空间设计中的应用探索［J］．鞋类工艺与设计，2023，3（7）：144-146．

[21] 王吉伟，朱建宁．在地性视角下的城市公共空间景观设计框架研究［J］．中国园林，2022，38（z2）：99-104．

[22] 谢明洋．形体的语言——城市公共空间景观设计中的形态构成初探［J］．美术大观，2013（2）：103．

[23] 杨建华．城市公共空间景观设施品质的模糊综合评价［J］．武汉理工大学学报（社会科学版），2013，26（4）：676-682．

[24] 杨霞，彭谌．基于地域文化的城市公共空间设计策略［J］．中国建筑装饰装修，2022，（11）：

135-137.

[25] 张秋燕．甜酸苦辣-羌族餐饮空间设计方案设计［J］．度假旅游，2019（1）：203.

[26] 张岩．交互展示设计在公共空间中的创意表达［D］．大连：大连工业大学，2013.

[27] 赵晟宇，阮如舫．城市轨道交通车站公共空间景观设计［J］．城市轨道交通研究，2013，16（3）：25-29.

[28] 赵幸辉．数字智能技术赋能下公共空间的交互设计研究［J］．美与时代（城市版），2023（6）：77.

[29] 朱万雷．数字化公共艺术空间的设计［J］．百科知识，2022（9）：29.

[30] 朱振宇．论地域文化在城市公共空间设计中的应用［J］．鞋类工艺与设计，2023，3（6）：156-158.

[31] 庄佳．城市公共空间设计的发展趋势研究［J］．南京艺术学院学报（美术与设计），2022（4）：194-199.